Zur Einführung.

Die Werkstattbücher werden das Gesamtgebiet der Werkstattstechnik in kurzen selbständigen Einzeldarstellungen behandeln; anerkannte Fachleute und tüchtige Praktiker bieten hier das Beste aus ihrem Arbeitsfeld, um ihre Fachgenossen schnell und gründlich in die Betriebspraxis einzuführen.

So unentbehrlich für den Betrieb eine gute Organisation ist, so können die höchsten Leistungen doch nur erzielt werden, wenn möglichst viele im Betrieb auch geistig mitarbeiten und die Begabten ihre schöpferische Kraft nutzen. Um ein solches Zusammenarbeiten zu fördern, wendet diese Sammlung sich an alle in der Werkstatt Tätigen, vom vorwärtsstrebenden Arbeiter bis zum Ingenieur.

Die „Werkstattbücher" werden wissenschaftlich und betriebstechnisch auf der Höhe stehen, dabei aber im besten Sinne gemeinverständlich sein und keine andere technische Schulung voraussetzen als die des praktischen Betriebs.

Indem die Sammlung so den Einzelnen zu fördern sucht, wird sie dem Betrieb als Ganzem nutzen und damit auch der deutschen technischen Arbeit im Wettbewerb der Völker.

Bisher sind erschienen:

Heft 1: **Gewindeschneiden.** 7.—12. Tausd.
Von Obering. O. Müller.

Heft 2: **Meßtechnik.** Zweite, verbesserte Auflage. (7.—14. Tausend.)
Von Professor Dr. techn. M. Kurrein.

Heft 3: **Das Anreißen in Maschinenbauwerkstätten.** 7.—12. Tausend.
Von Ing. H. Frangenheim.

Heft 4: **Wechselräderberechnung für Drehbänke.** 7.—12. Tausend.
Von Betriebsdirektor G. Knappe.

Heft 5: **Das Schleifen der Metalle.**
Von Dr.-Ing. B. Buxbaum.

Heft 6: **Teilkopfarbeiten.**
Von Dr.-Ing. W. Pockrandt.

Heft 7: **Härten und Vergüten.**
1. Teil: **Stahl und sein Verhalten.** Zweite, verbesserte Auflage. (7.—14. Tausend.)
Von Dipl.-Ing. Eugen Simon.

Heft 8: **Härten und Vergüten.**
2. Teil: **Praxis der Warmbehandlung.** Zweite, verbesserte Auflage. (7.—14. Tausend.)
Von Dipl.-Ing. Eugen Simon.

Heft 9: **Rezepte für die Werkstatt.**
Von Chemiker Hugo Krause.

Heft 10: **Kupolofenbetrieb.**
Von Gießereidir. C. Irresberger.

Heft 11: **Freiformschmiede.**
1. Teil: **Technologie des Schmiedens. — Rohstoffe der Schmiede.**
Von Direktor P. H. Schweißguth.

Heft 12: **Freiformschmiede.**
2. Teil: **Einrichtungen und Werkzeuge der Schmiede.**
Von Direktor P. H. Schweißguth.

Heft 13: **Die neueren Schweißverfahren.**
Von Prof. Dr.-Ing. P. Schimpke.

Eine Aufstellung der in Vorbereitung befindlichen Hefte ist auf der 3. Umschlagseite abgedruckt.

Jedes Heft 48—64 Seiten stark, mit zahlreichen Textfiguren.

Jedes Heft: Grundzahl 1; Schweizer Franken 1.—.

Die Grundzahl (GZ.) entspricht dem ungefähren Vorkriegspreis und ergibt mit der jeweiligen Entwertungsziffer (Umrechnungsschlüssel) vervielfacht den Verkaufspreis. Über den zur Zeit geltenden Umrechnungsschlüssel geben alle Buchhandlungen sowie der Verlag bereitwilligst Auskunft.

WERKSTATTBÜCHER
FÜR BETRIEBSBEAMTE, VOR- UND FACHARBEITER
HERAUSGEGEBEN VON EUGEN SIMON, BERLIN
HEET 6

Teilkopfarbeiten

von

Dr.-Ing. W. Pockrandt

Mit 23 Textfiguren

7. bis 12. Tausend

Springer-Verlag Berlin Heidelberg GmbH 1923

Inhaltsverzeichnis.

	Seite
I. Zweck des Teilkopfes	3
II. Der Aufbau der Universal-Teilköpfe	4
Universal-Teilköpfe mit Teilscheiben	4
Universal-Teilköpfe mit Teilwechselrädern	6
Selbsttätige Teil- und Schaltapparate	7
III. Das Teilen	9
A. Das Teilen mit Teilscheibe	9
1. Einfaches Teilen	10
2. Verbundteilen	11
B. Das Teilen mit Wechselrädern	13
C. Das Differentialteilen (Teilen von Primzahlen)	15
1. Mit Universal-Teilköpfen mit Teilscheiben	15
2. Mit Universal-Teilköpfen ohne Teilscheiben	18
D. Das Teilen bei ungleicher Teilung	19
IV. Das Rundschalten (Spiralfräsen)	21
V. Das Fräsen von Zahnrädern auf der Universal-Fräsmaschine	24
1. Das Fräsen von Stirnrädern	25
2. Das Fräsen von Schraubenrädern	25
3. Das Fräsen von Schneckenrädern	29
4. Das Fräsen von Kegelrädern	31
Zahlentafeln	34

Literaturverzeichnis.

Hülle, Die Werkzeugmaschinen. Verlag von Julius Springer, Berlin.
Jurthe-Mietzschke, Handbuch der Fräserei, Verlag von Julius Springer, Berlin.
Schuchardt & Schütte, Technisches Hilfsbuch, Berlin.

ISBN 978-3-662-37566-2 ISBN 978-3-662-38345-2 (eBook)
DOI 10.1007/978-3-662-38345-2

Ursprünglich erschienen bei Julius Springer in Berlin 1923

I. Zweck des Teilkopfes.

Teilköpfe oder Teilapparate werden hauptsächlich auf Universal-Fräsmaschinen verwendet zum genauen Einstellen der Werkstücke beim Fräsen gleichmäßig, d. h. unter gleichen Winkeln, auf dem Kranz oder der Stirnfläche der Werkstücke verteilter Flächen, Nuten oder dergleichen. Ungleiche Teilungen kommen praktisch wohl nur beim Fräsen der Zähne von Reibahlen vor, wofür die Teilköpfe ebenfalls benutzt werden. Die Einstellung — das sogenannte Teilen — besteht demnach in einer vor jedem Fräserdurchgang vorzunehmenden Teildrehung des Werkstückes um seine eigene Achse, d. h. in einer Drehung des Werkstückes um einen bestimmten Winkel. Soll der Fräser nicht geradlinige sondern schraubenförmige Nuten erzeugen, wie z. B. beim Fräsen von Spiralbohrern, Schraubenrädern usw., dann muß dem Werkstück durch den Teilkopf auch während des Fräserdurchganges eine langsame, gleichmäßige Drehung um seine Achse, eine Rundschaltung, erteilt werden.

Die einfachen Teilköpfe für unmittelbares Teilen mit Hilfe einer auf der Teilkopfspindel befestigten Teilscheibe eignen sich nur für eine beschränkte Anzahl ganz bestimmter Teilzahlen (bei 24 Löchern oder Rasten in der Teilscheibe sind beispielsweise die Teilzahlen 2, 3, 4, 6, 8, 12 möglich) und werden hauptsächlich zum Fräsen von Vier- und Sechskanten, Gewindebohrern, Klauenkupplungen usw. verwendet. Ihre einfache Bauart und Bedienung macht eine Besprechung überflüssig. Für bestimmte, häufig wiederkehrende Arbeiten (Massenfertigung) werden diese Teilapparate mit 2, 3 oder mehr, zwangläufig miteinander verbundenen Spindeln ausgeführt, die zur Erzeugung schraubenförmiger Frässchnitte auch mit Antrieb durch Wechselräder von der Tischvorschubspindel versehen werden. Auch eine Besprechung derartiger Apparate erübrigt sich, da das Teilen in derselben Weise erfolgt wie bei den eben erwähnten einfachen Teilköpfen, während bezüglich der für das Rundschalten erforderlichen Wechselräder dasselbe gilt wie für die dem gleichen Zweck dienenden Wechselräder der sogenannten Universal-Teilköpfe, mit deren Aufbau, Arbeitsweise und Bedienung sich das vorliegende Heft ausschließlich befaßt.

Bei den Universal-Teilköpfen erfolgt das Teilen mittelbar, d. h. mit Hilfe einer Kurbel, von der durch Schnecke und Schneckenrad, gegebenenfalls auch unter Zuhilfenahme von Wechselrädern, die Bewegung erst auf die Teilkopfspindel übertragen wird. Da hier eine größere Anzahl von Lochkreisen bzw. Wechselrädern zur Verfügung steht, so lassen sich mit diesen Apparaten alle praktisch vorkommenden Teilungen ausführen. Kleinere Teilzahlen kann man indessen meist auch unmittelbar teilen mit einer auf der Teilkopfspindel selbst befestigten Teilscheibe, wie bei den einfachen Teilköpfen. Um ferner nicht nur parallel zur Werkstückachse fräsen zu können, wie bei Stirnrädern, sondern auch schräg dazu, wie bei Kegelrädern, oder senkrecht dazu, wie bei Klauenkupplungen, ist die Teilkopfspindel um eine wagerechte Achse aus der wagerechten Lage in die senkrechte bzw. über beide etwas hinaus schwenkbar.

II. Der Aufbau der Universal-Teilköpfe.

Der Universal-Teilkopf setzt sich, entsprechend den von ihm zu erfüllenden Aufgaben, aus drei Hauptteilen zusammen, nämlich aus der Teilvorrichtung, mit der die Teilkopfspindel mit dem Werkstück vor jedem neuen Fräserdurchgang um einen bestimmten Betrag um ihre Achse gedreht wird, aus einem Räderwerk, durch das die Teilkopfspindel beim Fräsen schraubenförmiger Nuten von der Tischvorschubspindel der Fräsmaschine aus angetrieben wird, und aus einer Vorrichtung zum Einstellen der Teilkopfspindel unter einem bestimmten Winkel gegenüber der Wagerechten. Zum Aufspannen des Werkstückes dient entweder ein auf die Teilkopfspindel geschraubtes Futter oder eine Spitze nebst einer in einem kleinen Reitstock sitzenden Gegenspitze, wozu bei längeren Werkstücken noch ein Unterstützungsböckchen hinzukommt. Für das Fräsen kegelförmiger Teile zwischen Spitzen wird statt des einfachen Reitstockes ein solcher mit in der Höhe verstellbarer Spitze verwendet.

Die Universal-Teilköpfe zerfallen, wenn man von kleineren Unterschieden in den Bauarten der verschiedenen Firmen absieht, in zwei Gruppen. Bei der einen Art erfolgt das Teilen mit Hilfe von Teilscheiben, von denen jede eine Reihe von Lochkreisen hat, bei der anderen werden stattdessen Wechselräder benutzt, deren Übersetzungsverhältnis so zu wählen ist, daß für jede Teildrehung der Teilkopfspindel eine oder mehrere, jedenfalls nur volle Umdrehungen der Teilkurbel auszuführen sind.

Universal-Teilköpfe mit Teilscheiben. Als Beispiel diene der in Fig. 1÷4 dargestellte Teilkopf, der in seinem äußeren Aufbau zwar von den meisten anderen Ausführungen abweicht, in der Hauptsache aber dieselben Einrichtungen aufweist und außerdem für das (später zu beschreibende) Verbund- und Differential-Teilen eingerichtet ist. Das Teilkopfgehäuse besteht aus zwei Teilen, einem festen Unterteil a und einem in diesem um eine wagerechte Achse schwenkbaren, durch Klemmschrauben feststellbaren Oberteil b, in dem die Teilkopfspindel c gelagert ist; beide können nach einer Gradteilung von 10^0 unterhalb der wagerechten bis zu 10^0 über die senkrechte Lage der Teilkopfspindel eingestellt und durch Klemmschrauben in der jeweiligen Lage festgestellt werden.

Die Drehung der Spindel um einen bestimmten Winkel zur Einstellung des Werkstückes vor jedem neuen Schnitt — das Teilen — erfolgt unter Benutzung der Teilscheibe d durch die Teilkurbel e, Schnecke f und Schneckenrad g. Die Teilscheibe d sitzt lose auf der Schneckenwelle und wird durch einen im Gehäuse befestigten Federstift h_1 festgehalten; sie besitzt eine Anzahl konzentrischer Lochkreise, in deren Löcher ein zweiter, im Griff der Teilkurbel sitzender Federstift h_2 einfallen kann. Vor der Teilscheibe sitzen zwei gegeneinander verstellbare, gegen unbeabsichtigte Verstellung gesicherte Zeiger i, die das wiederholte Abzählen der Löcher beim Teilen erübrigen. Durch radiales Verstellen der Teilkurbel e, d. h. durch Verlängern oder Verkürzen derselben, kann man den Federstift h_2 auf die verschiedenen Lochkreise einstellen.

Das unmittelbare Teilen geschieht mit Hilfe der Teilscheibe k, die fest auf der Teilkopfspindel sitzt, also mit ihr gedreht wird, und in deren Löcher der durch den Handgriff l, Ritzel und Zahnstange, in seiner Achsenrichtung verschiebbare Stift m eingreift. Vor Benutzung dieser Teilscheibe muß indessen die Verbindung zwischen Schneckenrad g und Teilkopfspindel gelöst oder, wie hier, die Schnecke ausgerückt werden. Die Schneckenwelle ist zu diesem Zweck in einer exzentrisch gebohrten Büchse n gelagert, so daß durch Drehen derselben mittels der Triebwelle o die Schnecke f außer und später ebenso wieder in Eingriff mit dem Schneckenrad g gebracht werden kann.

Zum Rundschalten der Teilkopfspindel während des Schnittes beim Fräsen schraubenförmiger Nuten wird ebenfalls das Schneckengetriebe f, g benutzt, jedoch wird die Schneckenwelle dann nicht von Hand sondern von der Tischvorschubspindel der Maschine aus durch Wechselräder und ein im Teilkopf untergebrachtes Räderwerk r, s, t, u, v mit einem Übersetzungsverhältnis 1 : 1 an-

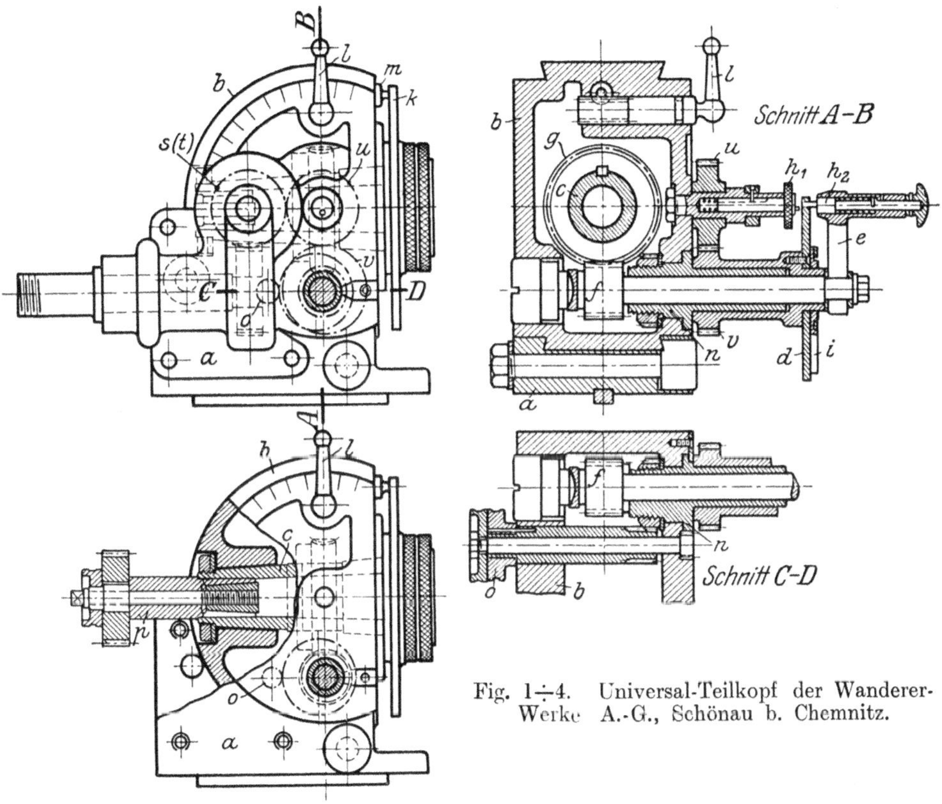

Fig. 1÷4. Universal-Teilkopf der Wanderer-Werke A.-G., Schönau b. Chemnitz.

getrieben. (Statt der Räder r, s, t, u, v sind bei anderen Ausführungen nur zwei Kegelräder vorhanden.) Das Rad v sitzt lose auf der Schneckenwelle und zwar mit der Teilscheibe auf einer gemeinsamen Büchse. Die Kupplung zwischen Rad v und der Schneckenwelle wird durch die Teilscheibe d, den Federstift h_2 und die Teilkurbel e bewirkt. Die Teilscheibe dreht sich also beim Rundschalten mit der Schneckenwelle und darf während dessen nicht durch den Federstift h_1 festgestellt sein. Die Drehrichtung der Teilkopfspindel kann durch Einfügen eines Zwischenrades in die Wechselräder nach Bedarf geändert werden.

In ganz ähnlicher Weise wird die Teilscheibe beim Differentialteilen (s. S. 15) statt von der Tischvorschubspindel von der Teilkopfspindel aus angetrieben, in deren hinteres Ende dann ein Wechselradbolzen p gesteckt wird. Im einzelnen soll hierauf erst bei Besprechung dieses Teilverfahrens eingegangen werden.

Es sei nur kurz erwähnt, daß bei Anwendung dieser Einrichtung weder die Teilkopfspindel im Winkel eingestellt werden kann, noch schraubenförmige Nuten gefräst werden können, erstens nicht, weil der Wechselradbolzen p wagerecht stehen muß, und zum andern nicht, weil die Teilscheibe nicht gleichzeitig von der Teilkopfspindel und von der Tischvorschubspindel aus durch Wechselräder angetrieben werden kann.

Universal-Teilköpfe mit Teilwechselrädern. Bei dem in Fig. 5÷7 dargestellten Universal-Teilkopf ist in dem festen Unterteil a des Gehäuses das

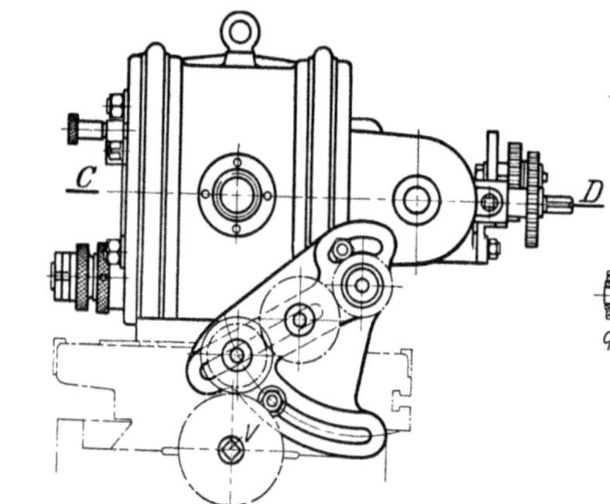

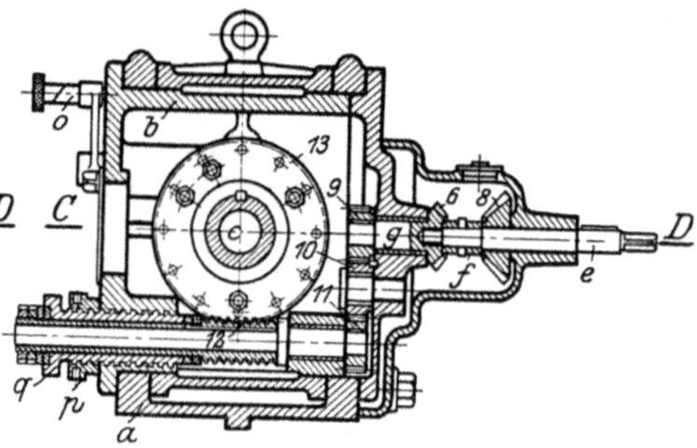

Schnitt A—B.

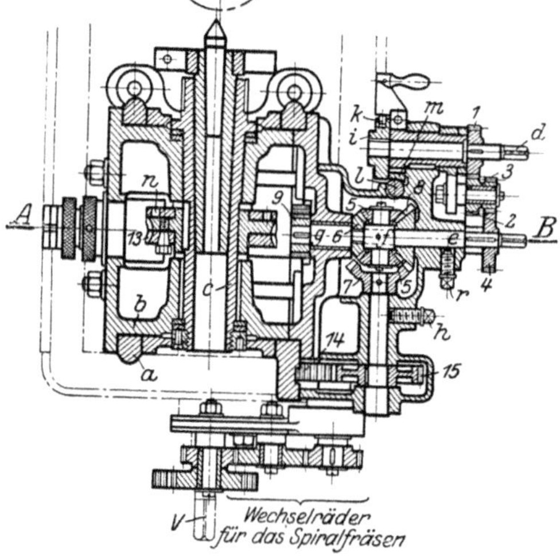

Fig. 5÷7. Universal-Teilkopf von J. E. Reinecker A.-G., Chemnitz-Gablenz.

Schnitt C—D.

Drehteil b mit der Spindel c in ähnlicher Weise um eine wagerechte Achse drehbar wie bei dem zuvor beschriebenen Teilkopf.

Das mittelbare Teilen erfolgt hier — ohne Lochscheiben — durch eine auf die Welle d aufgesteckte Kurbel. Von der Welle d aus wird dann die Bewegung über Wechselräder 1, 2, 3, 4 auf die Welle e übertragen, auf der ein Kreuzstück f befestigt ist, das auf seinen beiden Zapfen die lose drehbaren Kegelräder 5 trägt. Diese beiden Räder kämmen einerseits mit dem Kegelrad 6, das auf der in der Verlängerung von Welle e liegenden, aber mit ihr nicht fest verbundenen Welle g aufgekeilt ist, andererseits mit dem Doppelkegelrad 8, das beim Fräsen von schraubenförmigen Nuten oder beim Differentialteilen (s. S. 18) von dem

Kegelrad 7 aus angetrieben wird, sonst aber stillsteht (indem durch die Schraube h die Welle mit dem daraufsitzenden Rad 7 festgestellt wird). Die Wirkung des aus den Rädern 8, 5 und 6 bestehenden sogenannten Differentialgetriebes besteht darin, daß die Welle g die doppelte Anzahl Umdrehungen macht wie die Welle e. Auf der Welle g ist ferner das Stirnrad 9 aufgekeilt, das über die Räder 10, 11 und Schneckengetriebe 12, 13 die Teilkopfspindel c antreibt.

Ist somit das Teilgetriebe auch nicht so einfach wie bei dem vorher behandelten Teilkopf, so hat es andererseits den Vorteil, daß die Teilkurbel bzw. die Welle d bei jedesmaligem Teilen stets nur eine (seltener zwei oder drei) volle Umdrehung auszuführen hat und ein Irrtum durch Verzählen, wie bei den Lochkreisen der Teilscheiben, ausgeschlossen ist. Die Stelle der mit Lochkreisen versehenen Teilscheiben vertritt hier eine auf Welle d befestigte, mit nur einem Loch oder einer Rast versehene Scheibe i. Der zugehörige Federstift k ist bei Beginn des Teilens aus der Rast herauszuziehen und fällt nach einer vollen Umdrehung von i bzw. d selbsttätig wieder in die Rast ein. Mittels der Schnecke l und des Schneckenradsegmentes m, das durch den an ihm befestigten Federstift k mit der Scheibe i gekuppelt ist, ist eine von der Teilung unabhängige Teildrehung der Teilkopfspindel zwecks Feineinstellung des Werkstückes möglich.

Zum unmittelbaren Teilen dient die Teilscheibe n mit 12 Löchern und ein durch Handhebel o betätigter Feststellstift. Zuvor wird die Schnecke 12 außer Eingriff mit dem Schneckenrad 13 gebracht, indem nach Lösen der Gegenmutter p die Gewindebüchse q, in der die Schnecke gelagert ist, herausgeschraubt wird.

Beim Fräsen schraubenförmiger Nuten wird die Teilkopfspindel von der Tischvorschubspindel aus durch Wechselräder und die feste Räderübersetzung 14, 15, 7, 8, 5, 6, 9, 10, 11, 12, 13 angetrieben, wobei durch Anziehen der Bremsschraube r die Welle e mit dem Kreuzstück f festgestellt wird. (Das Differentialgetriebe als solches ist also ausgeschaltet und die Räder 5 wirken lediglich als Zwischenräder zwischen 8 und 6.) Während des Teilens muß indessen durch Anziehen der Bremsschraube h das Rad 7 und durch dieses Rad 8 festgestellt und die Bremsschraube r gelöst werden.

Auch dieser Teilkopf kann durch eine Zusatzeinrichtung zum Differentialteilen eingerichtet werden. Es wird dann von der Teilkopfspindel aus durch Wechselräder und die im Teilkopf liegende Räderübersetzung 14, 15, 7, 8 das Differentialgetriebe 8, 5, 6 angetrieben und die von der Teilkurbel und den Teilwechselrädern 1, 2, 3, 4 erzeugte Bewegung der Grundteilung beeinflußt, indem Rad 8 während des Teilens nicht (wie beim gewöhnlichen Teilen) stillsteht, sondern sich dreht. Dabei müssen natürlich die beiden Bremsschrauben h und r gelöst sein. Ein Schrägstellen der Teilkopfspindel und ein Fräsen von schraubenförmigen Nuten ist dabei auch hier nicht möglich.

Selbsttätige Teil- und Schaltapparate. Auf demselben Grundgedanken, daß nämlich die die Teilung einleitende Welle jedesmal nur eine volle Umdrehung ausführt, beruhen auch die sogenannten selbsttätigen Teil- und Schaltapparate, die ferner einen beschleunigten Rücklauf des Aufspanntisches mit dem Werkstück nach jedesmaligem Fräserdurchgang bewirken.

Ein derartiger Apparat ist in Fig. 8÷11 dargestellt. Der Antrieb erfolgt durch Riemscheibe a entweder vom Deckenvorgelege aus, wobei der Riemen über einen Riemenspanner geleitet wird, oder durch einen kleinen Elektromotor, der am Aufspanntisch der Maschine befestigt wird. Jeder sonst vorhandene Vorschubantrieb ist durch Abnahme des betreffenden Riemens und Ausrücken der Kupplung für die Tischbewegung oder sonst in entsprechender Weise auszuschalten. Von a aus wird durch Schnecke b und Schneckenrad c die Welle d angetrieben, die ihrerseits durch Stirnräder e, f bzw. g, h, i der Welle k Rechts- oder Linksdrehung erteilt, je nachdem Kupplung l nach rechts oder links eingerückt ist. Auf der Welle k ist der Zapfen m befestigt, auf den das erste Wechselrad für die Tischbewegung aufgesetzt wird. Das Geschwindigkeitsverhältnis zwischen Arbeitsgang und Rücklauf des Tisches beträgt etwa 1 : 8. — Von der Welle d erhält ferner durch Stirnräder g, n auch die Welle o ihren Antrieb, von

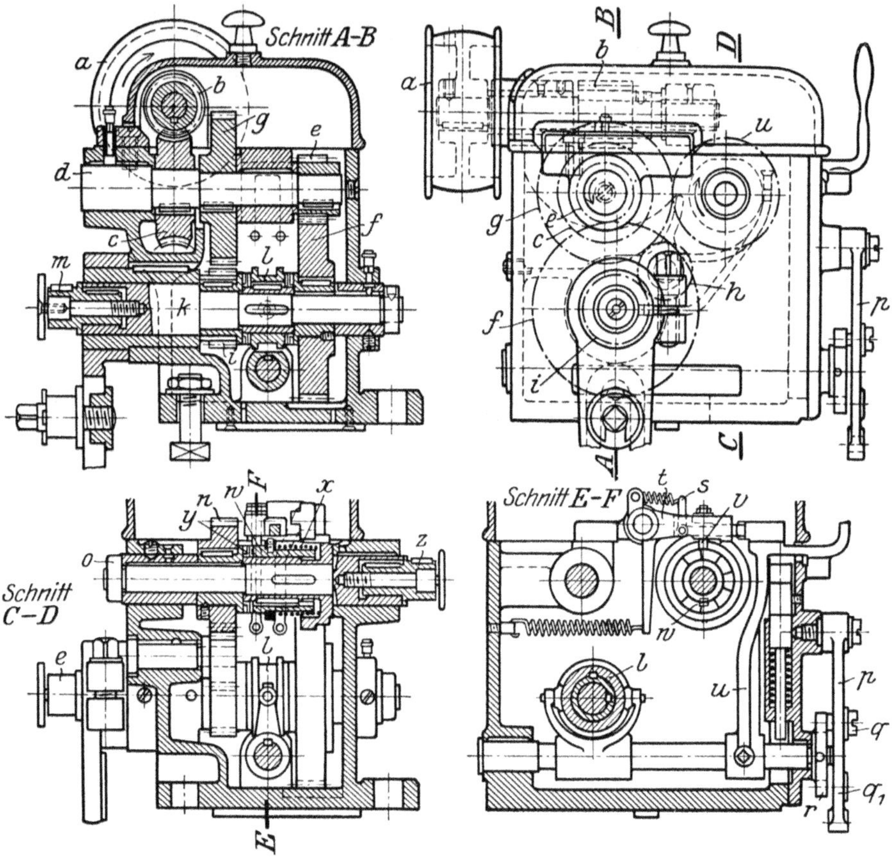

Fig. 8÷11. Selbsttätiger Teil- und Schaltapparat von Ludw. Loewe u. Co. A.-G., Berlin.

der aus die Teilbewegung abgeleitet wird. Beide Bewegungen — die Umschaltbewegung für den Vor- und Rücklauf des Tisches sowie die Teilbewegung — werden eingeleitet durch den unter dem Einfluß der am Fräsmaschinentisch befestigten Anschläge stehenden Hebel p, der durch eine Schraube q mit dem eigentlichen Umsteuerhebel r des Apparates verbunden wird. Durch Umstecken der Schraube nach q_1 kann man die Richtung von Arbeitsgang und Rücklauf umkehren.

Der Teilvorgang vollzieht sich folgendermaßen: Der kleine Hebel s ist an dem Hebel t so befestigt, daß bei Aufwärtsbewegung von s der Hebel t gedreht wird, während der Hebel s bei Abwärtsbewegung in einer Nut von t schwingt, ohne diesen irgendwie zu beeinflussen. Sobald der Rücklauf des Tisches durch den Hebel p eingeleitet wird, wird der kleine Hebel s durch den Hebel u abwärts bewegt, beeinflußt also zunächst t noch nicht; erst wenn der Vorlauf des Tisches eingeleitet ist, wird s durch u nach oben bewegt und nimmt jetzt den Hebel t mit. An diesem sitzt ein Stift v, der in eine Rast der Kupplung w eingreift und diese gegen den Druck der Feder x axial festhält. Durch Herausziehen des Stiftes v wird die Kupplung w frei und fällt unter dem Einfluß der Feder x in die Gegenkupplung y ein, wodurch sie mit der ständig angetriebenen Welle o verbunden ist. Hierdurch ist die Teilbewegung eingeleitet. Beendet wird sie dadurch, daß der Stift v alsbald nach seiner Aufwärtsbewegung sich unter der Einwirkung einer starken Feder wieder senkt, die Kupplung w, die seitlich einen schrägen Vorsprung besitzt, zurückdrängt und nach einer vollen Umdrehung derselben wieder in ihre Rast einfällt und sie festhält.

Von dem Zapfen z aus wird die Teilbewegung durch Wechselräder auf den Universal-Teilkopf übertragen. Das Übersetzungsverhältnis der Wechselräder ist also so zu wählen, daß die Teilkopfspindel bei einer vollen Umdrehung des Zapfens z die verlangte Teildrehung ausführt.

Durch bauliche Vereinigung des Apparates mit einem Universal-Teilkopf läßt sich die bei Hintereinandersetzen beider oft recht unangenehme Gesamtlänge wesentlich verringern. Auf die Beschreibung dieses selbsttätigen Teil- und Schaltkopfes soll hier nicht näher eingegangen werden, da seine Arbeitsweise dieselbe ist.

III. Das Teilen.

Unter Teilen soll im folgenden stets das mittelbare Teilen mit Hilfe einer die Teilkopfspindel durch ein zwischengeschaltetes Räderwerk drehenden Teilkurbel verstanden werden.

A. Das Teilen mit Teilscheibe.

Hierbei steht die Teilscheibe in der Regel fest und die Teilkurbel wird gedreht. Zu dem in Fig. 1÷4 dargestellten Teilkopf gehören z. B. drei Teilscheiben mit den Lochkreisen 15, 16, 17, 18, 19, 20, 21, 23, 27, 29, 31, 33, 37, 39, 41, 43, 47 und 49.

Bevor man an die Berechnung der für eine bestimmte Teilung erforderlichen Drehung der Teilkurbel und des dazu benutzbaren Lochkreises gehen kann, muß man wissen, wieviel Umdrehungen der Teilkurbel für eine volle Umdrehung der Teilkopfspindel erforderlich sind, mit anderen Worten, welches Übersetzungsverhältnis [1]) zwischen Teilkurbel und Teilkopfspindel liegt. Gewöhnlich ist die Schnecke (f, Fig. 2) eingängig und das zugehörige Schneckenrad (g) mit 40 Zähnen versehen, so daß für eine volle Umdrehung des Rades und damit der Teilkopfspindel 40 Umdrehungen der Schnecke bzw. der Teilkurbel auszuführen sind. Das Übersetzungsverhältnis ist dann $i = {}^1/_{40}$.

---

[1]) Übersetzungsverhältnis

$$i = \frac{n_2}{n_1} = \frac{\text{Umdrehungszahl der Teilkopfspindel (Schneckenrad)}}{\text{Umdrehungszahl der Teilkurbel (Schnecke)}}$$

$$\text{oder allgemein} = \frac{\text{Umdrehungszahl des getriebenen Rades}}{\text{Umdrehungszahl des treibenden Rades}}$$

$$\text{oder} = \frac{z_1}{z_2} = \frac{\text{Zähnezahl des treibenden Rades}}{\text{Zähnezahl des getriebenen Rades}} = \frac{\text{Gangzahl der Schnecke}}{\text{Zähnezahl des Schneckenrades}}.$$

Unter Zugrundelegung dieses, für einen bestimmten Teilkopf unveränderlichen, Übersetzungsverhältnisses sind die folgenden Beispiele gerechnet.

1. Einfaches Teilen (mit Benutzung eines Lochkreises). 1. Beispiel. Es ist ein Stirnrad mit 22 Zähnen auf einer Universal-Fräsmaschine zu fräsen.

Der Kranz des Rades ist also in 22 gleiche Teile zu teilen. Nachdem eine Zahnlücke gefräst und der Fräser durch diese wieder zurückgelaufen ist, muß die Teilkopfspindel mit dem Werkstück $^1/_{22}$ einer ganzen Drehung ausführen. Sind zu einer vollen Umdrehung der Teilkopfspindel 40 Umdrehungen der Teilkurbel erforderlich, so entsprechen $^1/_{22}$ Umdrehung der Teilkopfspindel $^{40}/_{22}$ $= {}^{20}/_{11}$[1] $= 1\,^9/_{11}$ Umdrehungen der Teilkurbel. Diese muß also jedesmal um eine volle und im Anschluß daran noch um $^9/_{11}$ Umdrehung, d. h. um 9 Löcher eines Lochkreises mit 11 Löchern gedreht werden. Ein solcher Lochkreis ist indessen nicht vorhanden. Statt dessen läßt sich aber ein Lochkreis benutzen, dessen Lochzahl ein Vielfaches von 11 ist, also der Lochkreis 33. Da $^9/_{11} = \frac{9.3}{11.3} = {}^{27}/_{33}$[1], so ist die Teilkurbel nach einer vollen Umdrehung noch um 27 Löcher dieses Lochkreises weiter, im ganzen also um $1^{27}/_{33} = 1^9/_{11}$ zu drehen.

Allgemein gilt demnach, wenn

i = Übersetzungsverhältnis zwischen Teilkurbelwelle und Teilkopfspindel = Übersetzungsverhältnis des Schneckengetriebes,

z = Anzahl Teile, in die der Kranz des Werkstückes zu teilen ist (= Zähnezahl eines zu fräsenden Rades);

$\frac{1}{z}$ = Drehung der Teilkopfspindel bei jeder Teilung,

n = Anzahl der Umdrehungen der Teilkurbel bei jeder Teilung,

$$n \,.\, i = \frac{1}{z} \quad \text{oder}$$

$$n = \frac{1}{i \,.\, z} \quad \text{oder, wenn } i = {}^1/_{40},$$

$$\underline{\underline{n}} = \frac{1}{{}^1/_{40} \,.\, z} = \underline{\underline{\frac{40}{z}}}\ ^{2)}, \quad \text{d. h.}$$

$$\frac{\text{Umdrehung der Teilkurbel bei jeder Teilung}}{} = \frac{\text{Anzahl der Kurbeldrehungen für eine volle Umdrehung der Teilkopfspindel}}{\text{Anzahl der für das Werkstück erforderlichen Teilungen}}.$$

Ist die Rechnung richtig, dann muß sein:

$$n \,.\, z = 40 \quad \text{oder}$$

Anzahl der Kurbeldrehungen bei jeder Teilung × Anzahl der Teilungen = Anzahl der Kurbeldrehungen für eine volle Umdrehung der Teilkopfspindel.

---

[1] Der Wert eines Bruches wird nicht verändert, wenn man
a) Zähler und Nenner durch dieselbe Zahl dividiert, d. h. den Bruch kürzt;
b) Zähler und Nenner des Bruches mit derselben Zahl multipliziert, d. h. den Bruch erweitert.

[2] Man dividiert eine Zahl durch einen Bruch, indem man sie mit dem umgekehrten Wert des Bruches multipliziert.

Für das Beispiel ist also

$$\left(1 + \frac{27}{33}\right) . 22 = 40$$

$$\left(\frac{33}{33} + \frac{27}{33}\right) . 22 = \frac{60 . 22}{33} = \frac{60 . 2}{3} = \frac{120}{3} = 40$$

2. Beispiel. Es ist ein Stirnrad mit z = 74 Zähnen zu fräsen. Wieviel Umdrehungen (n) muß die Teilkurbel bei jeder Teilung ausführen?

$$n = \frac{40}{z} = \frac{40}{74} = \frac{20}{37}.$$

Es ist also der Lochkreis 37 zu benutzen und die Teilkurbel jedesmal um 20 Löcher desselben zu drehen.

3. Beispiel. $z = 50,\ n = ?$

$$n = \frac{40}{50} = \frac{4}{5} = \frac{4 . 3}{5 . 3} = \frac{12}{15},\ \text{d. h.}$$

die Teilkurbel ist jedesmal um 12 Löcher des Lochkreises 15 zu drehen. (Statt dessen kann auch z. B. um 16 Löcher des Lochkreises 20 geteilt werden).

4. Beispiel. $z = 120,\ n = ?$

$$n = \frac{40}{120} = \frac{1}{3} = \frac{5}{15} = \frac{6}{18} = \frac{7}{21} = \frac{11}{33} = \frac{13}{39},\ \text{d. h.}$$

es können hier die Lochkreise 15, 18, 21, 33 und 39 benutzt werden.

Um nicht bei jedesmaligem Teilen die Löcher wieder zählen zu müssen, was viel Zeit erfordert und leicht zu Fehlern Veranlassung gibt, benutzt man das vor der Teilscheibe angebrachte Zeigerpaar und stellt es so ein, daß die beiden Zeiger die für das Teilen erforderliche Lochzahl einschließen. Diese Lochzahl muß aber stets um 1 größer sein als die berechnete, weil der Federstift vor dem Teilen bereits in einem Loch zwischen den beiden Zeigern Platz finden muß. (Im ersten Beispiel müßten also statt 27 Löcher 28 zwischen den Zeigern liegen.)

Es ist ferner darauf zu achten, daß die Kurbel nicht zu weit gedreht wird und wieder zurückgedreht werden muß, weil schon beim geringsten „toten Gang" zwischen Schnecke und Schneckenrad Ungenauigkeiten in der Teilung entstehen würden. Der Teilkopf muß daher von Zeit zu Zeit auf toten Gang untersucht werden. Falls ein solcher sich eingestellt hat, muß er durch Nachstellen des aus diesem Grunde meist zweiteilig ausgeführten Schneckenrades (vgl. Fig. 7) beseitigt werden. Hat einmal eine solche Überteilung stattgefunden, so darf man die Kurbel nicht einfach bis zu dem beabsichtigten Loch wieder zurückdrehen, man muß sie vielmehr weiter zurück- und dann wieder bis zum richtigen Loch vordrehen, weil sonst infolge des toten Ganges immer noch eine gewisse Überteilung zurückbleiben würde.

2. **Verbundteilen** (mit Benutzung zweier Lochkreise). In der oben beschriebenen Art lassen sich zwar die am häufigsten vorkommenden Teilungen, aber — infolge der beschränkten Anzahl der vorhandenen Lochkreise — nicht alle Teilungen ausführen [1]).

[1]) Kommt eine bestimmte Teilung häufig vor, so wird die Anfertigung einer besonderen Teilscheibe mit einem entsprechenden Lochkreis sich empfehlen, sofern dieser Lochkreis auf einer zum Teilkopf passenden Scheibe sich unterbringen läßt.

Kommt man mit einem der vorhandenen Lochkreise nicht zum Ziel, so kann man sich in manchen, unten näher beschriebenen Fällen durch das sogenannte Verbundteilen helfen. Dasselbe besteht darin, daß man außer dem in der Teilkurbel sitzenden Federstift noch einen zweiten, am Teilkopfgehäuse angebrachten, ebenfalls radial verstellbaren Federstift (h_1, Fig. 2), der von hinten in die Teilscheibe eingreift, verwendet und für das Teilen nacheinander zwei verschiedene Lochkreise benutzt. Man dreht dann zunächst, wie bei dem oben beschriebenen Verfahren, die Teilkurbel um eine bestimmte Anzahl Löcher des einen Lochkreises gegenüber der feststehenden Teilscheibe und danach, nachdem der hintere Federstift, der die Teilscheibe solange festgehalten hat, aus dieser herausgezogen ist, die durch den vorderen Federstift nunmehr mit der Teilkurbel gekuppelte Teilscheibe in gleicher oder entgegengesetzter Richtung um eine bestimmte Anzahl Löcher des zweiten Lochkreises und läßt dann auch den hinteren Federstift wieder einfallen. Voraussetzung dabei ist aber, daß die beiden Lochkreise sich auf derselben Teilscheibe befinden, oder, falls zwei Scheiben verwendet werden, daß beide fest miteinander verbunden sind, so daß sie sich nicht gegeneinander verdrehen können, und daß vor allen Dingen kein toter Gang vorhanden ist.

Da bei diesem Verfahren die Drehung der Teilkurbel ($n = {}^{40}/_z$) in zwei Teildrehungen zerlegt wird, so muß man versuchen, den Bruch ${}^{40}/_z$ in zwei Brüche zu zerlegen, deren Summe (bei gleichem Drehsinn beider Teildrehungen) oder Differenz (bei entgegengesetztem Drehsinn beider Teildrehungen) den Wert ${}^{40}/_z$ ergibt. Die beiden Teildrehungen müssen so beschaffen sein, daß sie sich mit den vorhandenen Lochkreisen ausführen lassen.

Das Verfahren ist nach dem Gesagten nur anwendbar, wenn z keine Primzahl (s. S. 15) ist, sondern sich in zwei Faktoren zerlegen läßt, die entweder unmittelbar der Lochzahl zweier vorhandener Lochkreise entsprechen oder einen Teil oder ein Vielfaches davon darstellen. Die Zähler der beiden Teilbrüche muß man so wählen, daß sie ein Vielfaches des einen Faktors der Nenner bilden und dieser Faktor infolgedessen durch Heben der Brüche fortfällt. Läßt sich der Zähler des ursprünglichen Bruches nicht als eine Summe darstellen, deren Summanden diesen Anforderungen genügen, dann muß man es mit einer Differenz versuchen, deren Wert gleich dem Zähler des ursprünglichen Bruches ist.

Zwei Beispiele mögen dies näher erläutern.

5. Beispiel. Es ist ein Rad mit z = 57 Zähnen zu fräsen.

$$n = \frac{40}{z} = \frac{40}{57}.$$

Diese Teilung läßt sich mit einem der vorhandenen Lochkreise nicht ausführen. Da nun 57 = 3 . 19, so muß man den Bruch ${}^{40}/_{57}$ in zwei Brüche zerlegen, deren Zähler durch 3 bzw. 19 teilbar sind. Also:

$$\frac{40}{57} = \frac{21}{57} + \frac{19}{57} = \frac{7}{19} + \frac{1}{3} = \frac{7}{19} + \frac{6}{18}.$$

Man kann demnach die Lochkreise 19 und 18 benutzen und muß zuerst die Teilkurbel gegenüber der feststehenden Teilscheibe um 7 Löcher des Lochkreises 19 und, nachdem der Teilkurbelstift eingeschnappt und der hintere Federstift aus der Teilscheibe herausgezogen ist, die Teilkurbel mit der Teilscheibe in derselben Richtung um 6 Löcher des Lochkreises 18 weiterdrehen und darauf den hinteren Federstift einschnappen lassen.

6. Beispiel. $z = 87$

$$n = \frac{40}{z} = \frac{40}{87}.$$

Auch diese Teilung ist mit einem vorhandenen Lochkreis nicht ausführbar. Da sich der Zähler nicht in zwei Summanden zerlegen läßt, welche sich gegen je einen der beiden Faktoren des Nenners (3 . 29) heben lassen, so muß man statt einer Summe eine Differenz bilden, deren beide Glieder sich gegen die Faktoren des Nenners heben lassen, z. B.

$$\frac{40}{87} = \frac{40}{3 \cdot 29} = \frac{69 - 29}{3 \cdot 29} = \frac{69}{3 \cdot 29} - \frac{29}{3 \cdot 29} = \frac{23}{29} - \frac{1}{3} = \frac{23}{29} - \frac{9}{27}.$$

Es ist hier also zunächst um 23 Löcher des Lochkreises 29 in der einen und darauf um 9 Löcher des Lochkreises 27 in der entgegengesetzten Richtung zu teilen.

Kommt man aber auch mit zwei Lochkreisen nicht zum Ziel, dann muß man zum Differentialteilverfahren übergehen (s. S. 15).

B. Das Teilen mit Wechselrädern.

Bei den ohne Teilscheiben arbeitenden Universal-Teilköpfen führt, wie bereits ausgeführt (s. S. 7), die Teilkurbel bei jeder Teilung eine oder mehrere, auf jeden Fall nur volle Umdrehungen aus. Das Übersetzungsverhältnis der Teilwechselräder, die in Verbindung mit der im Teilkopf vorhandenen Räderübersetzung die Bewegung der Teilkurbel auf die Teilkopfspindel zu übertragen haben, ist also so zu wählen, daß letztere dabei die gewünschte Teildrehung ausführt[1]).

7. Beispiel. Es ist ein Stirnrad mit 46 Zähnen zu fräsen. Die Übersetzung des Schneckengetriebs im Teilkopf ist $^1/_{60}$, diejenige des Differentialgetriebes $^2/_1$, das Gesamtübersetzungsverhältnis im Teilkopf demnach

$$\frac{1}{60} \cdot \frac{2}{1} = \frac{1}{30}.$$

Die in der Verlängerung der Schneckenwelle liegende Welle (e, Fig. 7), auf der das letzte der Teilwechselräder (4) sitzt, muß demnach bei jeder Teilung um $^{30}/_{46}$ gedreht werden. Macht die Teilkurbel jedesmal eine volle Umdrehung, so muß das Übersetzungsverhältnis der Teilwechselräder $^{30}/_{46}$ betragen. Ob dieses Übersetzungsverhältnis mit zwei Rädern unmittelbar oder unter Zuhilfenahme eines Zwischenrades oder durch zwei Räderpaare zu erzielen ist, hängt von der Bauart des Teilkopfes und den vorhandenen Wechselrädern ab. Nötigenfalls muß die Teilkurbel statt einer Umdrehung zwei oder drei volle Umdrehungen ausführen, um mit den vorhandenen Rädern die gewünschte Teilung zu erreichen. Für den beschriebenen Teilkopf würde für den vorliegenden Fall eine Umdrehung der Teilkurbel genügen und es würden die Wechselräder $^{60}/_{40} \cdot {}^{20}/_{46}$ zu benutzen sein.

Der zu dem angeführten Teilkopf gehörige Satz Teilwechselräder besteht aus 28 Rädern mit den Zähnezahlen 20, 20, 24, 25, 29, 30, 31, 32, 34, 37, 38, 40, 41, 42, 43, 44, 45, 46, 47, 48, 49, 50, 52, 54, 56, 60, 80, 100.

Allgemein gilt, wenn

z = Anzahl Teile, in die der Kranz des Werkstückes zu teilen ist (= Zähnezahl des zu fräsenden Rades),

$\frac{1}{z}$ = Drehung der Teilkopfspindel bei jeder Teilung,

---

[1]) Die Berechnung der Wechselräder, auch für die schwierigsten Fälle, wie sie beim Gewindeschneiden auf der Drehbank vorkommen können, behandelt ausführlich Heft 4.

i $=$ Übersetzungsverhältnis innerhalb des Teilkopfes,
$i_w =$ Übersetzungsverhältnis der Teilwechselräder,
n $=$ Umdrehungen der Teilkurbel bei jeder Teilung,

$$n \,.\, i_w \,.\, i = \frac{1}{z}, \text{ d. h.}$$

Umdrehung der Teilkurbel bei jeder Teilung × Gesamtübersetzungsverhältnis zwischen Teilkurbelwelle und Teilkopfspindel $=$ Drehung der Teilkopfspindel bei jeder Teilung.

Die Probe auf die Richtigkeit der Rechnung würde beim vorliegenden Beispiel also lauten:

$$1 \cdot \frac{60}{40} \cdot \frac{20}{46} \cdot \frac{2}{1} \cdot \frac{1}{60} = \frac{1}{46}.$$

8. Beispiel. $z = 110$, $i = {}^1/_{30}$.

Die Teilkurbel soll bei jeder Teilung eine volle Umdrehung machen. Dann muß sein:

$$1 \,.\, i_w \,.\, \frac{1}{30} = \frac{1}{110} \text{ oder}$$

$$i_w = \frac{30}{110}.$$

Diese Übersetzung ist mit einem Räderpaar der vorhandenen Wechselräder nicht herstellbar. Man zerlegt daher

$$\frac{30}{110} = \frac{5 \,.\, 6}{5 \,.\, 22} = \frac{30 \,.\, 24}{60 \,.\, 44}$$

und wählt dementsprechend Räder mit 30, 60, 24 und 44 Zähnen, von denen die im Zähler stehenden (30 und 24) jeweils die treibenden, die im Nenner stehenden (60 und 44) die getriebenen Räder der beiden Räderpaare darstellen.

9. Beispiel. $z = 12$, $i = {}^1/_{30}$.

Für eine volle Umdrehung der Teilkurbel bei jeder Teilung müßte sein:

$$i_w \cdot \frac{1}{30} = \frac{1}{12} \text{ oder}$$

$$i_w = \frac{30}{12} = \frac{5}{2} = \frac{50}{20} = \frac{60}{24} = \frac{100}{40}.$$

Sollte das Aufbringen der entsprechenden Wechselräder aus irgendwelchen Gründen nicht möglich oder sollten die erforderlichen Räder nicht vorhanden sein, so kann man durch Änderung der Teilkurbeldrehzahl ein anderes, passenderes Übersetzungsverhältnis für die Wechselräder erzielen. Wenn man z. B. $n = 3$ wählt, dann wird

$$3 \,.\, i_w \,.\, {}^1/_{30} = {}^1/_{12} \text{ oder}$$

$$i_w = \frac{30}{12 \,.\, 3} = \frac{30}{36} = \frac{5}{6} = \frac{50}{60} \text{ oder } \frac{80 \,.\, 25}{40 \,.\, 60} \text{ usw.}$$

Die Berechnung der Teilwechselräder für selbsttätige Teil- und Schaltapparate (s. S. 7), bei denen das erste Teilwechselrad ebenfalls eine volle Umdrehung ausführt, ist in derselben Weise, wie eben gezeigt, vorzunehmen.

C. Das Differentialteilen.

Das Differentialteilen ermöglicht jede beliebige Teilung, insbesondere also auch das Teilen von Primzahlen[1]), und kommt besonders dann in Frage, wenn die gewünschte Teilung mit den vorhandenen Lochkreisen bzw. Teilwechselrädern auf eine der bisher beschriebenen Arten nicht möglich ist. Das Kennzeichnende dieses Verfahrens besteht darin, daß die Teilscheibe bzw. das sonst stillstehende Kegelrad des Differentialgetriebes (8, Fig. 7) zwangläufig durch Wechselräder von der Teilkopfspindel aus angetrieben wird, so daß entweder die wirkliche Drehung der Teilkurbel bei jeder Teilung eine andere ist als die scheinbare (nach der Anzahl der auf einem bestimmten Lochkreise von der Teilkurbel überfahrenen Löcher berechnete) oder das Übersetzungsverhältnis des im Teilkopf angeordneten Getriebes beeinflußt und geändert wird. Will man dieses Verfahren benutzen, so muß man in dem hinteren Ende der hohlen Teilkopfspindel einen Bolzen zum Aufstecken des ersten Wechselrades befestigen und von diesem durch weitere Wechselräder die Teilscheibe bzw. das sonst stillstehende Kegelrad des Differentialgetriebes in ähnlicher Weise antreiben, wie es beim Fräsen schraubenförmiger Nuten (s. S. 21) von der Tischvorschubspindel aus erfolgt. Wechselräder und Schere sind in beiden Fällen dieselben. Aus diesem Grunde ist das Differentialteilverfahren beim Fräsen schraubenförmiger Nuten nicht anwendbar; ebensowenig kann gleichzeitig die Teilkopfspindel aus der wagerechten Lage verstellt werden, weil dann das auf ihr sitzende Wechselrad nicht richtig mit dem von ihm angetriebenen zweiten Rade kämmen würde.

Alle neueren Teilköpfe sind zum Differentialteilen eingerichtet; ältere lassen sich in der Regel ohne Schwierigkeit zur Aufnahme eines Wechselradbolzens in der Teilkopfspindel einrichten.

1. Differentialteilen mit den mit Teilscheiben ausgerüsteten Universal-Teilköpfen. Wir legen dabei wieder den in Fig. 1÷4 dargestellten Teilkopf zugrunde. Ist z die Zähnezahl des zu fräsenden Stirnrades — um solche wird es sich beim Differentialteilen fast ausnahmslos handeln — und das Übersetzungsverhältnis zwischen Teilkurbel und Teilkopfspindel $^1/_{40}$, so ist, wie früher ausgeführt (s. S. 10) die Teilkurbel bei jeder Teilung um $^{40}/_z$ zu drehen. Ist das mit den vorhandenen Lochkreisen nicht möglich, so teilt man nach einer anderen Teilzahl x, die größer oder kleiner als z angenommen werden kann, und berechnet die noch erforderliche, durch die Teilkopfspindel und die Differential-Wechselräder zu bewirkende Drehung der Teilscheibe so, daß die Gesamtdrehung der Teilkurbel dann die gewünschte Teildrehung der Teilkopfspindel ergibt. Je nach der Wahl des Lochkreises können verschiedene Wechselräderübersetzungen berechnet werden, von denen eine solche gewählt wird, die mit den vorhandenen Wechselrädern ausführbar ist. Je nach der Anzahl der zur Verwendung kommenden Zwischenräder dreht sich die Teilscheibe in derselben oder in entgegengesetzter Richtung wie die Teilkurbel[2]).

Zur Erläuterung des Vorganges werde zunächst angenommen, das Übersetzungsverhältnis zwischen Teilkopfspindel und Teilscheibe sei $^1/_1$. Dann dreht sich bei einer vollen Umdrehung der Teilkopfspindel die Teilscheibe ebenfalls

[1]) Primzahlen sind solche Zahlen, die sich nicht durch eine andere Zahl teilen, d. h. nicht in Faktoren zerlegen lassen; z. B. 17, 37, 47, 53 usw.

[2]) Zwischenräder sitzen, wie ihr Name andeutet, zwischen dem treibenden und dem getriebenen Rad und zwar einzeln auf je einem Bolzen und haben keinen Einfluß auf das Übersetzungsverhältnis. Sie beeinflussen lediglich die Drehrichtung des getriebenen Rades, derart, daß bei einem Zwischenrad treibendes und getriebenes Rad sich in gleicher, bei zwei Zwischenrädern in entgegengesetzter Richtung drehen.

genau einmal (je nach der Anzahl der Zwischenräder in gleicher oder entgegengesetzter Richtung wie die Teilkurbel). Wird ferner der Federstift der Teilkurbel nach jeder Teildrehung immer wieder in dasselbe Loch desselben Lochkreises gesteckt, sobald er diesem Loch wieder gegenübersteht (also nach einer vollen Umdrehung der Teilkurbel gegenüber der Teilscheibe), so entsprechen bei gleicher Drehrichtung von Teilkurbel und Teilscheibe in Wirklichkeit 40 — 1 = 39 Teilbewegungen der Teilkurbel 40 Umdrehungen der Schnecke bzw. einer Umdrehung der Teilkopfspindel. Jede Teilbewegung der Teilkurbel entspricht somit $\frac{40}{39}$ Umdrehungen der Schnecke oder $\frac{40}{39} \cdot \frac{1}{40} = \frac{1}{39}$ Umdrehung der Teilkopfspindel. Bei entgegengesetzter Drehrichtung von Teilkurbel und Teilscheibe entsprechen dagegen $40 + 1 = 41$ Teilbewegungen der Teilkurbel 40 Umdrehungen der Schnecke bzw. $\frac{40}{41} \cdot \frac{1}{40} = \frac{1}{41}$ Umdrehung der Teilkopfspindel. Das ursprüngliche Übersetzungsverhältnis innerhalb des Teilkopfes ($i = {}^1/_{40}$) ist also einmal in ein solches von ${}^1/_{39}$, das andere Mal in ${}^1/_{41}$ umgewandelt. Durch geeignete Wahl des Übersetzungsverhältnisses zwischen Teilkopfspindel und Teilscheibe, mit anderen Worten also des Übersetzungsverhältnisses der Wechselräder, läßt sich das Übersetzungsverhältnis zwischen Teilkurbel und Teilkopfspindel beliebig ändern.

Das einzuschlagende Verfahren läßt sich am besten an Hand eines bestimmten Beispiels erläutern.

10. Beispiel. Es ist ein Stirnrad mit $z = 97$ Zähnen zu fräsen.

Das ist nach einem der früher beschriebenen Verfahren mit den vorhandenen Lochkreisen ohne weiteres nicht möglich. Man wählt daher zunächst eine Hilfsteilzahl x, die mit einem vorhandenen Lochkreis auszuführen ist, z. B. $x = 100$, berechnet die dazu erforderliche Teilbewegung der Teilkurbel wie früher (s. S. 10) zu ${}^{40}/_{100}$ und teilt hiernach ebenfalls wie früher. Alsdann berechnet man das dazu außerdem noch erforderliche Übersetzungsverhältnis der Differentialwechselräder, die der Teilscheibe gleichzeitig eine solche Drehung erteilen, daß mit beiden Bewegungen zusammen die gewünschte Teilung erzielt wird.

Da wir für eine volle Umdrehung der Teilkopfspindel statt 100 nur 97 Teilbewegungen mit der Teilkurbel ausführen dürfen, so muß die Teilscheibe bei einer vollen Umdrehung der Teilkopfspindel sich um den zunächst noch fehlenden Betrag von $3 \cdot \frac{40}{100} = \frac{6}{5}$ — und zwar in gleicher Richtung wie die Teilkurbel — gedreht haben. Es muß also zwischen Teilkopfspindel und Teilscheibe ein Übersetzungsverhältnis von ${}^6/_5$ bestehen. Ist das Übersetzungsverhältnis im Teilkopf bis zur Teilscheibe ${}^1/_1$, wie es gewöhnlich der Fall ist, so wären demnach Wechselräder mit dem Übersetzungsverhältnis ${}^6/_5$ zu wählen. Es ist ferner — nötigenfalls durch Zwischenräder — dafür zu sorgen, daß die Teilscheibe sich in der gleichen Richtung dreht wie die Teilkurbel. Bei jeder Teilbewegung dreht sich die Teilscheibe dann also um $\frac{6}{5} \cdot \frac{1}{97}$, so daß die Drehung der Schnecke bei jeder Teilbewegung

$$\frac{40}{100} + \frac{6}{5} \cdot \frac{1}{97} = \frac{40}{100} + \frac{3 \cdot 40}{100} \cdot \frac{1}{97} = \frac{97 \cdot 40 + 120}{100 \cdot 97} = \frac{3880 + 120}{100 \cdot 97} = \frac{40}{97}$$

beträgt, wie verlangt.

Bezeichnet also ganz allgemein

z = Zähnezahl des zu fräsenden Rades,

x = die (statt z) gewählte Hilfsteilzahl,

i_d = Übersetzungsverhältnis der Differentialwechselräder (unter der Voraussetzung, daß das Übersetzungsverhältnis der anschließenden Räder innerhalb des Teilkopfes bis zur Teilscheibe $^1/_1$ beträgt),

dann läßt sich die eben entwickelte Rechnung in die allgemeine Formel kleiden

$$\frac{40}{x} + \frac{i_d}{z} = \frac{40}{z}.$$

Durch entsprechende Umformung erhält man

$$\frac{i_d}{z} = \frac{40}{z} - \frac{40}{x}$$

$$\underline{\underline{i_d}} = \frac{z\,.\,(40\,x - 40\,z)}{z\,.\,x} = \underline{\underline{\frac{40}{x}\,.\,(x - z)}}\,[1].$$

Dabei gibt der Wert $^{40}/_x$ an, welche Bewegung die Teilkurbel gegenüber der Teilscheibe bei jeder Teilung zu machen hat, welcher Lochkreis also zu wählen und um wieviel Löcher jedesmal zu teilen ist. Wird der ganze Wert negativ, d. h. ist x kleiner als z, so bedeutet das, daß sich Teilkurbel und Teilscheibe entgegengesetzt drehen müssen.

Die Probe für obiges 10. Beispiel ergibt:

$$i_d = \frac{40}{100}\,.\,(100 - 97) = \frac{120}{100} = \frac{6}{5},$$ wie anfangs verlangt (s. S. 16).

11. Beispiel. z = 127.

Gewählt x = 120.

$$i_d = \frac{40}{120}\,.\,(120 - 127) = -\frac{280}{120} = -\frac{7}{3} = -\frac{56}{24}\,[2].$$

Teilkurbel und Teilscheibe müssen sich also entgegengesetzt drehen. Man teilt mit der Teilkurbel jedesmal um $^{40}/_{120} = {}^1/_3$, also z. B. um 6 Löcher des Lochkreises 18 oder 11 Löcher des Lochkreises 33, und verwendet Differentialwechselräder $^{56}/_{24}$.

Probe: Tatsächliche Drehung der Teilkopfspindel bei jeder Teilung

$$\frac{40}{x} + \frac{i_d}{z} = \frac{40}{z}, \text{ d. h. } \frac{40}{120} - \frac{7}{3\,.\,127} = \frac{40\,.\,3\,.\,127 - 7\,.\,120}{120\,.\,3\,.\,127} = \frac{40}{127}, \text{ wie verlangt.}$$

12. Beispiel. z = 71.

Gewählt x = 70

$$i_d = \frac{40}{70}\,.\,(70 - 71) = -\frac{40}{70}$$ (Teilkurbel und Teilscheibe drehen sich entgegengesetzt).

Man würde also nach $^{40}/_{70} = {}^{12}/_{21}$ oder $^{28}/_{49}$ teilen und Wechselräder $^{40}/_{70} = {}^{32}/_{56}$ verwenden.

Probe: $$\frac{40}{x} + \frac{i_d}{z} = \frac{40}{70} - \frac{40}{70\,.\,71} = \frac{40\,.\,71 - 40}{70\,.\,71} = \frac{40}{71}.$$

[1] Ist das Übersetzungsverhältnis zwischen Schnecke und Schneckenrad ein anderes als $^1/_{40}$, dann tritt an Stelle von 40 die entsprechende andere Zahl.

[2] Der beschriebene Teilkopf (Fig. 1÷4) erfordert für sämtliche Teilungen nur 12 Teilwechselräder mit den Zähnezahlen: 24, 27, 28, 32, 40, 44, 48, 56, 64, 72, 86, 100.

Wählt man als Hilfszahl $x = 72$, dann wird

$$i_d = \frac{40}{72} \cdot (72 - 71) = \frac{40}{72}$$ (Teilscheibe und Teilkurbel drehen sich in gleicher Richtung).

Dann müßte man also nach $^{40}/_{72} = {^{10}/_{18}}$ oder $^{15}/_{27}$ teilen und Wechselräder $^{40}/_{72}$ aufstecken.

Probe: $$\frac{40}{x} + \frac{i_d}{z} = \frac{40}{72} + \frac{40}{72 \cdot 71} = \frac{40 \cdot 71 + 40}{72 \cdot 71} = \frac{40}{71}.$$

2. **Differentialteilen mit den Universal-Teilköpfen ohne Teilscheiben.** Es erfolgt sinngemäß ganz in derselben Weise, wie eben beschrieben. Legen wir auch hier den früher besprochenen, in Fig. 5÷7 dargestellten Teilkopf dieser Art zugrunde, so muß (wie auf S. 13 ausgeführt) die Teilschnecke 12 bzw. das Stirnrad 9 mit der Welle g bei jeder Teilung, also für eine volle Umdrehung der auf Welle d sitzenden Teilkurbel, bei z Zähnen des zu fräsenden Rades, sich um $^{60}/_z$, die Welle e sich somit um $^{30}/_z$ drehen. Ist das mit den vorhandenen Teilwechselrädern nicht möglich, so teilt man nach einer Hilfszahl x, die kleiner oder größer als z sein kann, und berechnet die noch erforderliche, durch die Teilkopfspindel und Differentialwechselräder zu bewirkende zusätzliche Drehung der Schnecke so, daß die Gesamtdrehung bei jeder Teilung $^{60}/_z$ ist. Je nach der Wahl der Hilfszahl x ergeben sich verschiedene Übersetzungen für die Differentialwechselräder, von denen diejenige gewählt wird, welche mit den vorhandenen Rädern ausführbar ist. Je nach der Zahl der benutzten Zwischenräder erfolgt die der Schnecke auf diese Weise erteilte Zusatzbewegung in gleichem oder entgegengesetztem Drehsinn wie die ihr von der Teilkurbel erteilte Hauptbewegung. (Dabei darf weder die Schraube h noch die Schraube r, Fig. 7, festgezogen sein!)

Zur genaueren Erläuterung und Gegenüberstellung mit dem eben beschriebenen Verfahren bei Teilköpfen mit Teilscheibe werde dasselbe Rad gewählt wie in Beispiel 10.

13. Beispiel. Es ist ein Stirnrad mit $z = 97$ Zähnen zu fräsen.

Bei jeder Teilung muß die Teilkopfspindel um $^1/_{97}$, die Teilschnecke um $^{60}/_{97}$ bzw. das letzte (auf der Welle e sitzende) Teilwechselrad um $^{30}/_{97}$ gedreht werden. Das ist mit den vorhandenen Teilwechselrädern (s. S. 13) unmittelbar nicht möglich. Man wählt daher eine Hilfsteilzahl, z. B. $x = 100$, und teilt mit der Teilkurbel nach dieser. Dann muß das letzte Teilwechselrad jedesmal $^{30}/_{100}$ Umdrehung machen, d. h. es sind Teilwechselräder im Übersetzungsverhältnis $^{30}/_{100}$ aufzustecken. Das ist möglich. Da wir nun aber für eine volle Umdrehung der Teilkopfspindel statt 100 nur 97 Teilbewegungen mit der Teilkurbel ausführen dürfen, so muß die Teilschnecke (bzw. die Welle g, wenn das Übersetzungsverhältnis der Stirnräder 9, 10, 11 gleich $^1/_1$ ist) bei einer vollen Umdrehung der Teilkopfspindel außerdem um den zunächst noch fehlenden Betrag von $3 \cdot {^{60}/_{100}} = {^9/_5}$, und zwar in der gleichen Richtung, durch die Differentialwechselräder weiter gedreht werden. Es muß also zwischen Teilkopfspindel und Teilschnecke bzw. Kegelrad 6 ein Übersetzungsverhältnis $^9/_5$ bestehen. Ist das Übersetzungsverhältnis der innerhalb des Teilkopfes liegenden Räder 14, 15, 7, 8, 9 gleich $^1/_1$, dann sind Differentialwechselräder mit der Übersetzung $^9/_5$ (z. B. $= {^{90}/_{50}}$) aufzustecken. Es ist ferner, nötigenfalls durch Zwischenräder, dafür zu sorgen, daß die Schnecke in derselben Richtung gedreht wird wie durch die Teilkurbel. Bei jeder Teilung wird sie sich dann also im ganzen drehen um

$$\frac{60}{100} + \frac{9}{5} \cdot \frac{1}{97} = \frac{60}{100} + \frac{3 \cdot 60}{100 \cdot 97} = \frac{97 \cdot 60 + 3 \cdot 60}{100 \cdot 97} = \frac{5820 + 180}{100 \cdot 97} = \frac{6000}{100 \cdot 97} = \frac{60}{97}$$

wie erforderlich.

Ganz allgemein folgt daraus wie früher (s. S. 17):

$$\frac{60}{x} + \frac{i_d}{z} = \frac{60}{z} \quad \text{oder}$$

$$i_d = \frac{60}{x}(x - z) \text{ [1]}$$

Probe für das gewählte Beispiel 13:

$$i_d = \frac{60}{100}(100 - 97) = \frac{180}{100} = \frac{9}{5}.$$

Wird der Wert negativ (d. h. ist x kleiner als z), so bedeutet das, daß die durch die Differentialwechselräder bewirkte Zusatzbewegung der Teilschnecke der durch die Teilkurbel erzeugten Bewegung derselben entgegengerichtet sein muß.

D. Das Teilen bei ungleicher Teilung.

Dieser Fall kommt, wie eingangs erwähnt, praktisch wohl ausschließlich bei der Herstellung von Reibahlen vor. Man versieht diese Werkzeuge, um ein Unrundreiben der damit fertigzustellenden Bohrungen zu verhüten, mit ungleicher Zahnteilung und gerader Zähnezahl, derart, daß sich die Teilung bei der zweiten Hälfte der Zähne jeweilig wiederholt und sich infolgedessen immer zwei Zähne diametral gegenüberstehen, die das Messen des Durchmessers ermöglichen (s. Fig. 12).

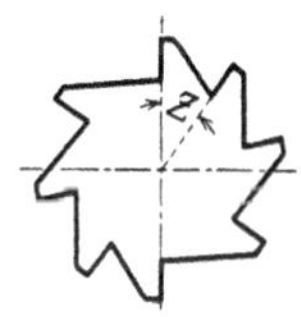

Fig. 12. Reibahle mit ungleicher Zahnteilung.

Handelt es sich um wiederkehrende Massenfertigung, so wird sich die Anfertigung besonderer Teilscheiben zum Befestigen auf der Teilkopfspindel für unmittelbares Teilen empfehlen, da das mittelbare Teilen immerhin umständlich ist und große Aufmerksamkeit erfordert. Die verschiedenen Teilungen einer Reibahle müssen dabei so bemessen sein, daß sie sich sämtlich mit einem Lochkreis herstellen lassen. Die Berechnung der erforderlichen Teildrehung der Teilkurbel ist für jede Teilung besonders anzustellen und die berechnete Lochzahl jedesmal wieder abzuzählen, da die Zeiger vor der Teilscheibe hier nicht zu verwenden sind. Sämtliche erforderlichen Teildrehungen des Werkstückes müssen ein gemeinschaftliches Vielfaches, d. i. die Lochzahl des zu benutzenden Lochkreises, besitzen. Dementsprechend sind die den verschiedenen Teilungen entsprechenden Zentriwinkel Z, Fig. 12, (die von den von den Schneidkanten zweier benachbarter Zähne nach dem Mittelpunkt der Reibahle gezogenen Halbmessern gebildet werden) zu wählen. Teilt man diese Winkel durch 360 (da der ganze Kreis in 360^0 eingeteilt wird), so erhält man die für jede Teilung erforderliche Teildrehung als Bruchteil einer vollen Umdrehung und kann danach, unter Berücksichtigung der im Teilkopf vorhandenen Übersetzung zwischen Teilkurbel und Teilkopfspindel, die erforderliche Drehung der Teilkurbel berechnen.

Gebräuchlich sind z. B. folgende Teilungen bzw. Zentriwinkel:

[1]) Ist das Übersetzungsverhältnis im Teilkopf ein anderes als $^1/_{60}$ bzw. $^1/_{30}$, dann tritt an die Stelle von 60 die entsprechende andere Zahl!

Zähnezahl der Reibahle	Zentriwinkel in Graden für Zahn							
	1	2	3	4	5	6	7	8
6	58	60	62					
8	42	44	46	48				
10	33	34,5	36	37,5	39			
12	27,5	28,5	29,5	30,5	31,5	32,5		
14	23,5	24,25	25	25,75	26,5	27,25	28	
16	20	21	21,5	22,5	23	23,5	24	24,5

14. Beispiel. Es ist eine Reibahle mit 10 Zähnen mit ungleicher Teilung nach obiger Zahlentafel zu fräsen. Welcher Lochkreis ist zu benutzen und um wieviel ist die Teilkurbel für die einzelnen Teilungen zu drehen, wenn das Übersetzungsverhältnis im Teilkopf 1:40 beträgt?

Das Werkstück ist der Reihe nach um 33—34,5—36—37,5 und 39° zu drehen. Nach einer halben Umdrehung wiederholen sich die Teilungen in derselben Reihenfolge.

1. Teilung: $\frac{33.40}{360} = \frac{11}{3} = \frac{22}{6} = 3\,{}^{4}/_{6} = 3\,{}^{12}/_{18}$

2. Teilung: $\frac{34{,}5.40}{360} = \frac{34{,}5}{9} = \frac{345}{90} = \frac{23}{6} = 3\,{}^{5}/_{6} = 3\,{}^{15}/_{18}$

3. Teilung: $\frac{36.40}{360} = 4$

4. Teilung: $\frac{37{,}5.40}{360} = \frac{37{,}5}{9} = \frac{375}{90} = \frac{25}{6} = 4\,{}^{1}/_{6} = 4\,{}^{3}/_{18}$

5. Teilung: $\frac{39.40}{360} = \frac{39}{9} = \frac{13}{3} = \frac{26}{6} = 4\,{}^{2}/_{6} = 4\,{}^{6}/_{18}$.

Es ist also ein Lochkreis mit einer durch 6 teilbaren Lochzahl, z. B. der Lochkreis 18 (vgl. S. 9) zu benutzen und die Teilkurbel der Reihe nach um 3 volle Umdrehungen + 12 Löcher, 3 volle Umdrehungen + 15 Löcher, 4 volle Umdrehungen, 4 volle Umdrehungen + 3 Löcher und 4 volle Umdrehungen + 6 Löcher zu drehen. Nach Verzahnung des halben Umfanges der Reibahle wiederholt sich der Teilvorgang in der gleichen Reihenfolge.

Übliche Teilungen mit den dabei zu benutzenden Lochkreisen und Lochzahlen enthält auch folgende Zusammenstellung:

Zähnezahl der Reibahle	Lochkreis der Teilscheibe	Umdrehungen der Teilkurbel bei i = 1:40 für Zahn											
		1	2	3	4	5	6	7	8	9	10	11	12
6	21	$5\,{}^{15}/_{21}$	$6\,{}^{14}/_{21}$	$7\,{}^{13}/_{21}$									
8	21	$4\,{}^{6}/_{21}$	$4\,{}^{16}/_{21}$	$5\,{}^{5}/_{21}$	$5\,{}^{15}/_{21}$								
10	49	$3\,{}^{21}/_{49}$	$3\,{}^{35}/_{49}$	4	$4\,{}^{14}/_{49}$	$4\,{}^{28}/_{49}$							
12	41	$2\,{}^{34}/_{41}$	$3\,{}^{2}/_{41}$	$3\,{}^{10}/_{41}$	$3\,{}^{18}/_{41}$	$3\,{}^{25}/_{41}$	$3\,{}^{34}/_{41}$						
14	37	$2\,{}^{17}/_{37}$	$2\,{}^{22}/_{37}$	$2\,{}^{27}/_{37}$	$2\,{}^{32}/_{37}$	3	$3\,{}^{4}/_{37}$	$3\,{}^{9}/_{37}$					
16	49	$2\,{}^{7}/_{49}$	$2\,{}^{12}/_{49}$	$2\,{}^{17}/_{43}$	$2\,{}^{22}/_{49}$	$2\,{}^{27}/_{49}$	$2\,{}^{32}/_{49}$	$2\,{}^{37}/_{49}$	$2\,{}^{42}/_{49}$				
18	59	$1\,{}^{52}/_{59}$	$1\,{}^{57}/_{59}$	$2\,{}^{3}/_{59}$	$2\,{}^{8}/_{59}$	$2\,{}^{13}/_{59}$	$2\,{}^{18}/_{59}$	$2\,{}^{23}/_{59}$	$2\,{}^{28}/_{29}$	$2\,{}^{33}/_{59}$			
20	62	$1\,{}^{44}/_{62}$	$1\,{}^{48}/_{62}$	$1\,{}^{52}/_{62}$	$1\,{}^{56}/_{62}$	$1\,{}^{60}/_{62}$	$2\,{}^{2}/_{62}$	$2\,{}^{6}/_{52}$	$2\,{}^{10}/_{62}$	$2\,{}^{14}/_{62}$	$2\,{}^{18}/_{62}$		
22	58	$1\,{}^{32}/_{58}$	$1\,{}^{36}/_{58}$	$1\,{}^{38}/_{58}$	$1\,{}^{42}/_{58}$	$1\,{}^{44}/_{58}$	$1\,{}^{48}/_{58}$	$1\,{}^{50}/_{58}$	$1\,{}^{54}/_{58}$	$1\,{}^{56}/_{58}$	$2\,{}^{2}/_{58}$	$2\,{}^{4}/_{58}$	
24	46	$1\,{}^{19}/_{46}$	$1\,{}^{21}/_{46}$	$1\,{}^{23}/_{46}$	$1\,{}^{25}/_{46}$	$1\,{}^{27}/_{46}$	$1\,{}^{29}/_{46}$	$1\,{}^{31}/_{46}$	$1\,{}^{33}/_{46}$	$1\,{}^{35}/_{46}$	$1\,{}^{39}/_{46}$	$1\,{}^{42}/_{46}$	$1\,{}^{44}/_{46}$

Universalteilköpfe mit Teilwechselrädern (s. S. 6) eignen sich für diese Arbeiten nicht, weil für jede Teilung andere Wechselräder aufgesteckt werden müßten, wenn nicht zufällig das auf der Verlängerung e der Teilschneckenwelle sitzende Wechselrad (vgl. Rad 4 in Fig. 7) eine solche Zähnezahl erhalten kann, daß es mit Hilfe von Strichmarken — ähnlich wie man es beim Schneiden mehrgängiger Gewinde auf der Drehbank macht — als Teilscheibe benutzt werden kann.

IV. Das Rundschalten

(zum Fräsen schraubenförmiger Nuten).

Beim Fräsen schraubenförmiger Nuten (in der Werkstatt meist Spiralfräsen genannt) muß der Aufspanntisch der Universal-Fräsmaschine um den Winkel, den die zu fräsende Schraubennut mit der Achse des Werkstückes bildet, aus seiner gewöhnlichen Nullstellung herausgedreht werden. Außerdem muß die Teilkopfspindel mit dem Werkstück während des Fräsens gleichmäßig langsam um ihre Achse gedreht werden, und zwar derart, daß sie eine volle Umdrehung ausführt, während der Tisch um die Steigung der Schraubenlinie [1]) geradlinig vorgeschoben wird. Die Drehrichtung muß — nötigenfalls durch Zwischenräder — der Steigungsrichtung der Schraubenlinie angepaßt werden. Beide Bewegungen müssen zwangläufig miteinander verbunden sein. Deshalb erfolgt der Antrieb der Teilkopfspindel durch Wechselräder und die im Teilkopf selbst sich anschließenden Räderübersetzungen von der Tischvorschubspindel aus (Fig. 5 u. 7).

Bei Teilköpfen mit Teilscheibe ist diese dabei gegenüber dem Teilkopfgehäuse zu entriegeln und durch Einstecken des Teilkurbelstiftes in ein Loch des zum Teilen benutzten Lochkreises mit der Teilkurbel und dadurch mit der Teilschnecke zu kuppeln. Bei Teilköpfen ohne Teilscheibe wird das sonst stillstehende Rad (8, Fig. 7) des Differentialgetriebes durch Wechselräder und die im Teilkopf untergebrachten weiteren Räder angetrieben. (Dabei muß durch Anziehen der Bremsschraube r die Welle e mit dem die beiden Umlaufräder 5 tragenden Kreuzstück festgestellt sein! Beim Teilen muß dagegen jedesmal r gelöst und dafür die Bremsschraube h angezogen werden!)

Die Berechnung der für die Rundschaltung erforderlichen Wechselräder gestaltet sich — ähnlich wie beim Gewindeschneiden auf der Drehbank — folgendermaßen:

15. Beispiel. Die Steigung der zu fräsenden Schraubennut betrage 1200 mm, die Steigung der Spindel für den Tischvorschub 6 mm.

Die Tischspindel muß dann, um den Tisch um 1200 mm vorzuschieben, $^{1200}/_6 = 200$ Umdrehungen machen. Während dieser 200 Umdrehungen soll die Teilkopfspindel sich genau einmal herumdrehen. Das Gesamtübersetzungsverhältnis zwischen Tischvorschub- und Teilkopfspindel muß demnach $^1/_{200}$ betragen. Beträgt das Übersetzungsverhältnis im Teilkopf $^1/_{40}$, so sind Wechselräder zwischen Tischspindel und Teilkopf mit dem Übersetzungsverhältnis $^1/_5$ erforderlich.

Daraus folgt ganz allgemein, wenn

h = Steigung der zu fräsenden Schraubenlinie,
s = Steigung der Tischvorschubspindel,
n_s = Umdrehungszahl der Tischvorschubspindel für einen Tischvorschub = h,

[1]) Die Steigung der Schraubenlinie ist der Weg h, Fig. 13, den ein auf der Schraubenlinie sich bewegender Punkt bei einem vollen Umlauf (Gang) in der Richtung der Achse zurücklegt.

i = Übersetzungsverhältnis im Teilkopf (in der Regel = Übersetzungsverhältnis von Teilschnecke und Schneckenrad = $^1/_{40}$ bzw. $^1/_{60}$),

i_r = Übersetzungsverhältnis der Wechselräder für die Rundschaltung,

$$n_s = \frac{h}{s},$$

wobei natürlich die Masse für h und s in gleichen Einheiten, d. h. beide in Millimetern oder beide in Zoll, einzusetzen sind.

$$n_s \cdot i_r \cdot i = 1$$

$$\underline{\underline{i_r}} = \frac{1}{n_s \cdot i} = \frac{1}{^h/_s \cdot i} = \underline{\underline{\frac{s}{h \cdot i}}}.$$

$$\text{Für } i = \frac{1}{40} \text{ ist } \underline{i_r = \frac{40 \cdot s}{h}}.$$

Dieses Übersetzungsverhältnis ist von der treibenden Spindel, also von der Tischvorschubspindel, nicht von der getriebenen Teilkopfspindel aus zu rechnen!

In dem vorstehend gewählten Beispiel ist also

$$i_r = \frac{40 \cdot 6}{1200} = \frac{240}{1200} = \frac{1}{5} \left(\text{z. B. } \frac{24 \cdot 40}{48 \cdot 100}\right).$$

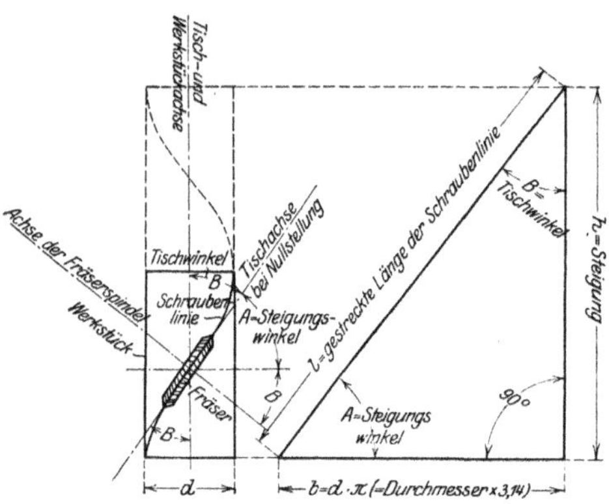

Fig. 13. Steigungs-, Neigungs- und Tischwinkel beim Fräsen schraubenförmiger Nuten.

Der Winkel (B, Fig. 13), um den der Tisch der Maschine aus seiner Nullstellung zu schwenken ist, ist einmal abhängig von der Steigung (h) der zu fräsenden Schraubennut, daneben aber auch von dem Durchmesser (d) des Werkstückes, und zwar ist er bei gleicher Steigung um so größer, je kleiner der Durchmesser ist. Der Winkel wird stets auf den Außendurchmesser des Werkstückes bezogen. Der Tischwinkel läßt sich entweder zeichnerisch nach Fig. 13 ermitteln oder trigonometrisch[1]) wie folgt berechnen:

$$\text{tg } B = \frac{b}{h} = \frac{\text{Umfang}}{\text{Steigung}}.$$

[1]) Die Trigonometrie ist die Lehre von den Dreiecken bzw. den Winkeln und Seiten im Dreieck. Man nennt im rechtwinkligen Dreieck (Fig. 13) die dem Winkel von 90° gegenüberliegende, größte Seite (l) die Hypotenuse, die beiden anderen Seiten (b und h) heißen Katheten. Es ist ferner das Verhältnis

$$\frac{\text{gegenüberliegende Kathete}}{\text{anliegende Kathete}} = \text{Tangente des Winkels } (= \text{tg}), \text{ also}$$

$$\text{tg } B = \frac{b}{h} = \frac{d \cdot \pi}{h} = \frac{\text{Umfang}}{\text{Steigung}}. \quad \text{Demgegenüber ist}$$

$$\frac{\text{anliegende Kathete}}{\text{gegenüberliegende Kathete}} = \text{Kotangente des Winkels } (= \text{cotg}), \text{ d. h.}$$

$$\text{cotg } B = \frac{h}{b} = \frac{h}{d \cdot \pi} = \frac{\text{Steigung}}{\text{Umfang}}.$$

Dieser Wert stellt aber gleichzeitig die Tangente des Winkels A dar; es ist also

Ist im vorliegenden Falle d = 150 mm, dann ist

$$\text{tg}\, B = \frac{150 \,.\, 3{,}14}{1200} = 0{,}392. \quad \text{Dafür ist } B = 21^0\, 20'\, 20''\ ^{1)}.$$

Vielfach ist nun nicht die Steigung der Schraubenlinie, sondern ihr Steigungswinkel A oder ihr Neigungswinkel B gegenüber der Achse des Werkstückes (vgl. Fig. 13) gegeben. Dann ist hieraus zunächst die Steigung zu berechnen. Es ist dann

$$\frac{h}{b} = \text{tg}\, A, \text{ oder } h = b \,.\, \text{tg}\, A = d \,.\, \pi \,.\, \text{tg}\, A \text{ bzw.}$$

$$\frac{b}{h} = \text{tg}\, B, \text{ somit } h = \frac{b}{\text{tg}\, B} = \frac{d \,.\, \pi}{\text{tg}\, B}.$$

In der Regel hat ferner die Tischvorschubspindel nicht metrische (Millimeter-) sondern Zollsteigung, weil sich für die schraubenförmigen Nuten der Schneidwerkzeuge Zollsteigung eingebürgert hat.

16. Beispiel. Es ist ein Walzenfräser von d = 100 mm mit schraubenförmig gewundenen (Spiral-) Zähnen zu fräsen. Der Neigungswinkel der Schraubenlinie gegenüber der Fräserachse soll B = 20⁰ betragen. Die Tischvorschubspindel hat eine Steigung von $^1/_4$″ (Zoll).

Der Tisch ist um 20⁰ aus der Nullstellung zu schwenken. Die Steigung der Schraubenlinie ist $h = \frac{d \,.\, \pi}{\text{tg}\, B} = \frac{100 \,.\, 3{,}14}{0{,}364} = 863\,\text{mm} = \text{rd}\,.\, 34''$. Das erforderliche Übersetzungsverhältnis der Wechselräder ist, wenn $i = {}^1/_{40}$,

$$i_r = \frac{40 \,.\, s}{h} = \frac{40 \,.\, {}^1/_4}{34} = \frac{10}{34} = \text{z. B. } \frac{30 \,.\, 20}{60 \,.\, 34}.$$

Die Schwenkbarkeit des Tisches ist durch das Gestell der Maschine begrenzt. Ist eine Einstellung unter dem Neigungswinkel nicht möglich, weil derselbe zu groß ist, wie es z. B. beim Fräsen von Schnecken und Schraubenrädern vorkommen kann, dann ist die Arbeit nur ausführbar unter Verwendung eines Hilfsfräsapparates, dessen Frässpindel von der Arbeitsspindel der Maschine angetrieben wird und um 90⁰ gegen diese versetzt ist. Steht diese Frässpindel wagerecht und genau

---

$$\text{tg}\, A = \frac{h}{b} = \text{tg}\,(90^0 - B) = \text{cotg}\, B \text{ und ebenso}$$

$$\text{cotg}\, A = \frac{b}{h} = \text{cotg}\,(90^0 - B) = \text{tg}\, B.$$

Aus den so errechneten Werten für tg oder cotg läßt sich mit Hilfe der Tabellen auf S. 44 ff. der zugehörige Winkel bestimmen; umgekehrt kann man natürlich aus diesen Tabellen auch die Zahlenwerte von tg und cotg eines bestimmten Winkels entnehmen.

Man nennt ferner das Verhältnis

$$\frac{\text{anliegende Kathete}}{\text{Hypotenuse}} = \text{Sinus des Winkels,} \quad \text{d. h. } \sin B = \frac{b}{l}\ (= \cos A) \text{ und}$$

$$\frac{\text{anliegende Kathete}}{\text{Hypotenuse}} = \text{Kosinus des Winkels,} \quad \text{d. h. } \cos B = \frac{h}{l}\ (= \sin A).$$

[1]) Winkel werden nach Graden (⁰), Minuten (′) und Sekunden (″) gemessen. 1 Grad = 60 Minuten, 1 Minute = 60 Sekunden.

In den Tabellen auf S. 34 ff. sind die Tischwinkel für die gebräuchlichsten Werkstückdurchmesser und Steigungen zusammengestellt.

Die Steigung der Schraubenlinie ist lediglich abhängig von dem Tischvorschub in Richtung der Achse des Werkstückes bei einer vollen Umdrehung desselben, nicht aber von der Winkelstellung des Tisches. Diese muß jedoch deshalb mit dem Neigungswinkel der Schraubenlinie gegen die Werkstücksachse übereinstimmen, weil sonst das gefräste Profil der Nut (senkrecht zur Steigung gemessen) nicht mit dem des Fräsers übereinstimmen würde. Das ist besonders wichtig beim Fräsen von Schraubenrädern (s. S. 25).

auf Mitte über dem Werkstück (vgl. Fig. 14), dann ist der Tisch nicht um den Winkel B, sondern um A = 90° – B aus seiner Nullstellung zu drehen. Steht die Frässpindel dagegen seitlich neben dem Werkstück genau in Achsenhöhe desselben (vgl. Fig. 15), dann ist sie unter dem Winkel A gegenüber der Wagerechten einzustellen, während der Aufspanntisch in Nullstellung verbleibt.

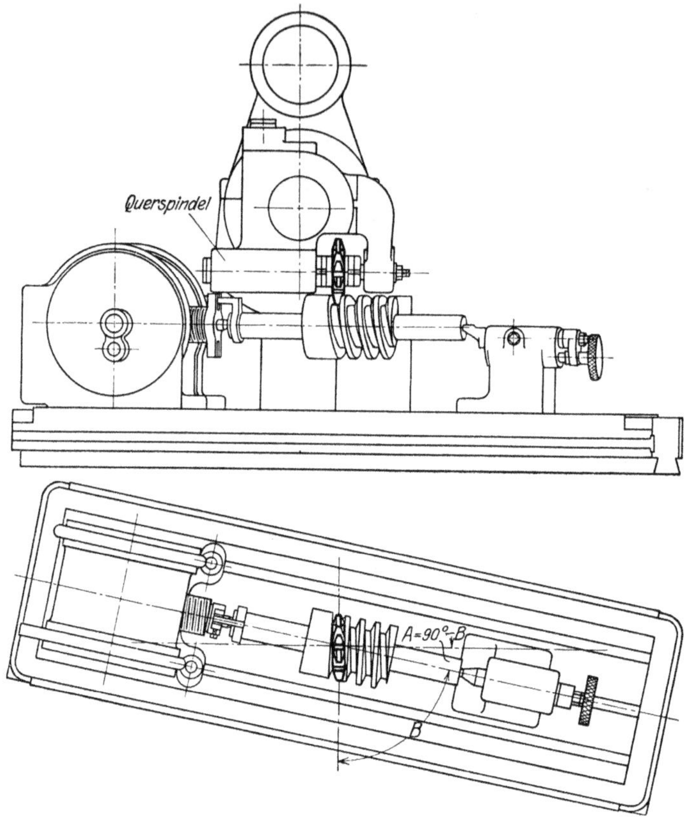

Fig. 14. Fräsen von Schnecken mit wagerecht über dem Werkstück stehendem Fräser.

V. Das Fräsen von Zahnrädern auf der Universal-Fräsmaschine.

Wenn irgend möglich, soll man nicht jedes Rad einzeln, sondern drei oder vier und mehr Räder derselben Art nebeneinander aufspannen und gleichzeitig fräsen. Dadurch verringert sich nicht nur die Zeit für das Einrichten, Teilen und sonstige Nebenarbeiten, sondern man hat vor allen Dingen bei jedem durch alle Räder gehenden Schnitt nur je einen An- und Auslauf des Fräsers und spart dadurch wesentlich an Fräsweg und Zeit. Voraussetzung für gleichzeitiges Aufspannen mehrerer Räder ist jedoch, daß diese sehr genau und ohne Schlag vorgedreht sind, und ebenso wichtig ist natürlich sichere und rundlaufende Aufspannung, weil sonst verschieden hohe und ungleich starke Zähne entstehen. Steht der Fräser nicht genau auf Mitte des Werkstückes, dann fallen die beiden Flanken der Zähne verschieden aus, die Zähne werden unsymmetrisch. Die Aufspannung auf einem zylindrischen Dorn mit Bund und Mutter ist dem Auftreiben auf einen schwach kegeligen vorzuziehen. Räder mit schrägen Zähnen sind durch Feder und Nut gegen Verdrehen durch den schräg zur Achse gerichteten Fräsdruck zu sichern.

1. Das Fräsen von Stirnrädern. Hierüber ist, wenn die oben genannten Punkte beachtet werden, nichts weiter zu sagen. Das Teilen ist auf eine der früher beschriebenen Arten vorzunehmen, es genügt auf die hierfür gegebenen Beispiele zu verweisen.

Die Teilung (t), d. h. den Mittenabstand zweier benachbarter Zähne (auf dem Teilkreis gemessen), wählt man in der Regel als ein Vielfaches der Zahl π

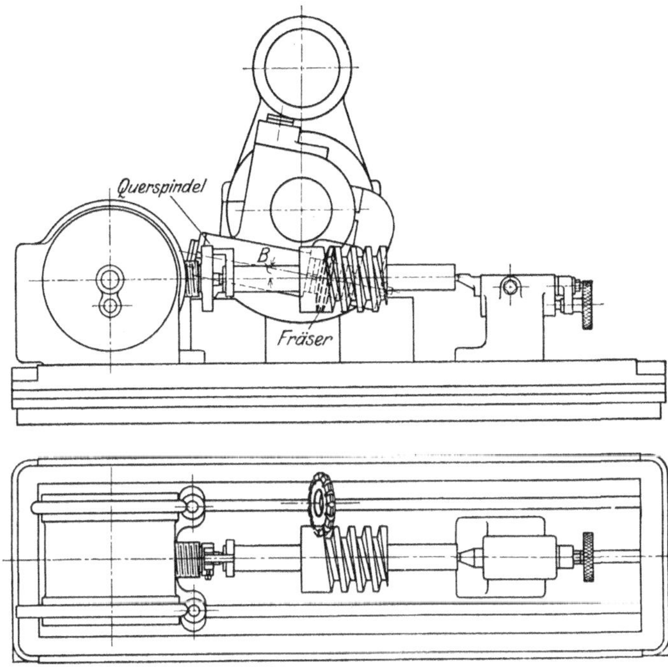

Fig. 15. Fräsen von Schnecken mit geneigt neben dem Werkstück stehendem Fräser.

(= 3,14), weil sich dadurch ganze und einfache Maße für den Teilkreisdurchmesser ergeben. Die Zahl, welche angibt, das Wievielfache der Zahl π die Teilung ist, heißt der Modul (M). Ist z. B. $t = 3\pi$, dann ist $M = 3$. Teilkreisdurchmesser $= M \cdot z =$ Modul $\times$ Zähnezahl. Der Modul wird stets in Millimetern ausgedrückt.

2. Das Fräsen von Schraubenrädern (Fig. 16) ist genau dasselbe wie das Fräsen von schraubenförmigen Nuten, so daß bezüglich der Einstellung des Aufspanntisches und der Berechnung der Wechselräder für die Rundschaltung nur auf das früher (s. S. 21 ff.) hierüber Ausgeführte hingewiesen zu werden braucht.

Der häufigste Fall ist der, daß die Wellen, auf die die beiden zusammengehörigen Räder gesetzt werden sollen, senkrecht zu einander stehen und daß die beiden Räder gleiche Zähnezahl besitzen. Dann erhalten die beiden Räder vollkommen gleiche Verzahnung, die Steigungsrichtung und der Steigungswinkel (45^0) ist bei beiden Rädern gleich. Zwei zusammenarbeitende Schraubenräder haben ganz allgemein die Bedingung zu erfüllen: $B_1 + B_2 = C$ (Fig. 17), d. h.

die Summe der Neigungswinkel der beiden Schraubennuten gegen ihre Achse ist gleich dem Winkel, unter dem die Achsen der beiden Räder zueinander stehen. Sind die Achsen der beiden Räder parallel, dann ist der Neigungswinkel der beiden Räder gleich, das eine Rad erhält aber links-, das andere rechtsgewundene Zähne.

Maßgebend für die Wahl des Fräserprofiles ist die senkrecht zur Steigungsrichtung der Schraubennut gemessene Normalteilung t_n (Fig. 18). Will man

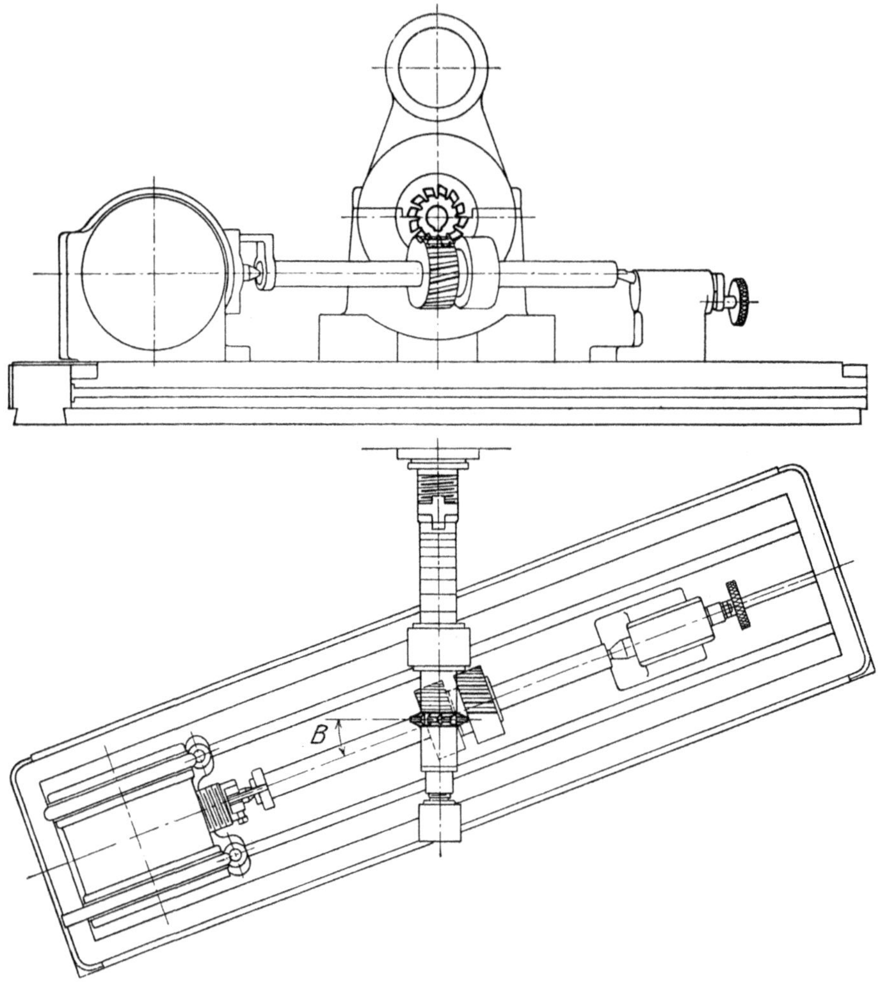

Fig. 16. Fräsen von Schraubenrädern.

also einen normalen Zahnradfräser verwenden, so muß die Normalteilung einer Modulteilung entsprechen. Die an der Stirnfläche des Radkranzes gemessene Stirnteilung t_s und das hier sich zeigende Stirnprofil der Zähne ändern sich mit dem Neigungswinkel B. Es ist (vgl. Fig. 18 und die Fußnote auf S. 22 u. 23)

$$\cos B = \frac{t_n}{t_s}\,{}^{1)} = \frac{M_n}{M_s}, \quad \text{also } t_s = \frac{t_n}{\cos B} \text{ und } M_s = \frac{M_n}{\cos B}.$$

[1]) Winkel, deren Schenkel senkrecht aufeinander stehen, sind gleich. Daher ist der Winkel zwischen t_n und t_s in dem kleinen schraffierten Dreieck, Fig. 18, gleich dem Neigungswinkel B der Schraubenzähne gegen die Achse des Rades.

Aus der Zähnezahl und der Stirnteilung bzw. dem entsprechenden Modul (M_s) ergibt sich der Teilkreisdurchmesser des Schraubenrades zu $d = \frac{z \,.\, t_s}{\pi} = z \,.\, M_s$.

Man wählt ferner den Fräser nicht einfach (wie bei Stirnrädern) nach der Zähnezahl z des Schraubenrades, sondern nach derjenigen (z_i) eines gedachten Stirnrades, dessen Halbmesser $\left(\frac{d_i}{2}\right)$ gleich dem größten Krümmungshalbmesser einer Ellipse ist, die entsteht, wenn man das — entsprechend verbreitert gedachte — Schraubenrad durch eine senkrecht zur Steigungsrichtung der Schraubennut liegende Ebene (XX in Fig. 18) schneidet.

Bei der Ellipse ist nun der größte Krümmungshalbmesser $\frac{d_i}{2} = \frac{a^2}{b}$ [1]), wenn a und b die große und kleine Halbachse der Ellipse bezeichnen. Da ferner

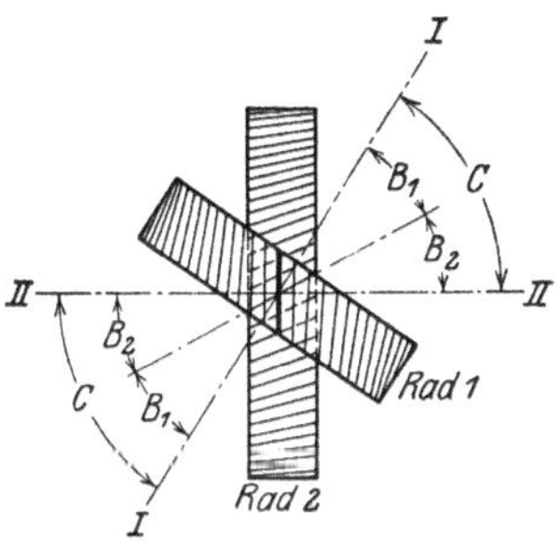

Fig. 17. Neigungs- und Achsenwinkel eines Schraubenräderpaares.

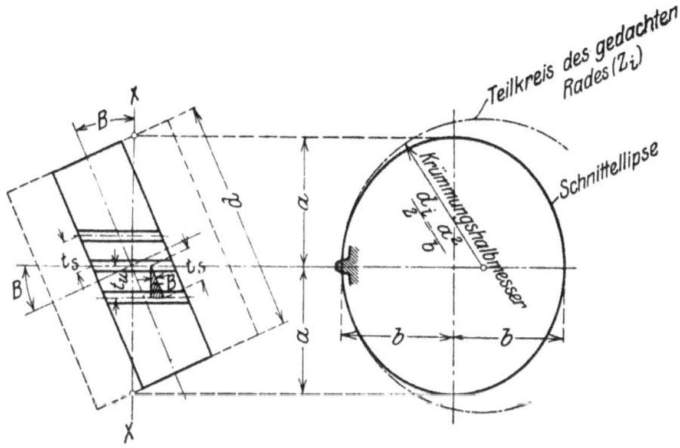

Fig. 18. Normal- und Stirnteilung und Wahl des Fräsers bei Schraubenrädern.

$$\cos B = \frac{d/2}{a} = \frac{d}{2\,a} \text{ oder } a = \frac{d}{2 \cos B} \text{ und } b = \frac{d}{2}, \text{ so ist}$$

$$\frac{d_i}{2} = \frac{\left(\frac{d}{2 \,.\, \cos B}\right)^2}{d/2} = \frac{d}{2 \,.\, \cos^2 B} \text{ oder } d_i = \frac{d}{\cos^2 B}$$

Es ist nun

Zähnezahl des gedachten Rades

$$= \frac{\text{Teilkreisumfang des gedachten Rades}}{\text{Normalteilung des Schraubenrades}} \text{ d. h. } z_i = \frac{d_i \,.\, \pi}{t_n}$$

$$\text{oder} = \frac{\text{Teilkreisdurchmesser des gedachten Rades}}{\text{Modul der Normalteilung des Schraubenrades}} \text{ d. h. } z_i = \frac{d_i}{M_n}$$

oder, da $d_i = \frac{d}{\cos^2 B}$ und $M_n = M_s \,.\, \cos B$ (s. o.),

$$z_i = \frac{d}{\cos^2 B \,.\, M_n} = \frac{d}{\cos^3 B \,.\, M_s} = \frac{z}{\cos^3 B}.$$

[1]) $a^2 = a \,.\, a$; ebenso $\cos^2 B = \cos B \,.\, \cos B$ und $\cos^3 B = \cos B \,.\, \cos B \,.\, \cos B$ usw.

Ist $B = 45^0$, dann ist $\cos B = 0{,}707$ (s. S. 42), somit $d_i = 2\,d$ und

$$z_i = \frac{2\,d}{M_n} = \frac{2\,d}{M_s \,.\, \cos B} = \frac{2\,d}{M_s \,.\, 0{,}707} = \frac{z}{0{,}353}.$$

Ein Beispiel möge das Ausgeführte näher erläutern.

17. Beispiel. Für zwei unter 90^0 sich kreuzende Wellen ist ein Schraubenräderpaar mit $z_1 = 24$ und $z_2 = 30$ Zähnen zu fräsen. Die Normalteilung soll $t_n = 3 \,.\, \pi$ $(M = 3)$ sein. Die Zähne des ersten Rades sind unter $B_1 = 50^0$ gegen die Achse des Rades geneigt, dann ist $B_2 = 90^0 - 50^0 = 40^0$.

Rad 1. Stirnteilung $t_{s_1} = \frac{t_n}{\cos B_1} = \frac{3 \,.\, \pi}{\cos 50^0} = \frac{3 \,.\, \pi}{0{,}643} = 4{,}665 \,.\, \pi$; also

$$M_{s_1} = 4{,}665.$$

Teilkreisdurchmesser $d_1 = M_{s_1} \,.\, z_1 = 4{,}665 \,.\, 24 = 111{,}96$ mm.

Die Steigung h_1 der Schraubennut ergibt sich aus $\frac{h_1}{\pi \,.\, d_1} = \operatorname{tg} A_1$ (vgl. Fig. 13), d. h.

$$h_1 = \pi \,.\, d_1 \,.\, \operatorname{tg} A_1 = 3{,}14 \,.\, 111{,}96 \,.\, \operatorname{tg} 40^0 = 3{,}14 \,.\, 111{,}96 \,.\, 0{,}839$$

$$h_1 = 295 \text{ mm} = 11^3/_4{}'' \quad (\text{denn } A_1 = 90^0 - B_1 = 90^0 - 50^0 = 40^0)$$

Ist $i = {}^1/_{40}$ und $s = {}^1/_4{}''$, dann ist (s. S. 22)

$$i_{r_1} = \frac{40 \,.\, s}{h_1} = \frac{40 \,.\, {}^1/_4}{11^3/_4} = \frac{{}^{40}/_4}{{}^{47}/_4} = \frac{40}{47}.$$

Es sind also Wechselräder mit 40 und 47 Zähnen (mit den nötigen Zwischenrädern) aufzustecken. Ist ein solches mit 47 Zähnen nicht vorhanden, dann muß man sich mit einer Annäherung begnügen, z. B. $\frac{40}{48}$ oder $\frac{4 \,.\, 10}{3 \,.\, 16} = \frac{32 \,.\, 40}{24 \,.\, 64}$.

$$\text{Dann ist } h_1 = \frac{40 \,.\, s}{i} = \frac{40 \,.\, {}^1/_4 \,.\, 24 \,.\, 64}{32 \,.\, 40} = 12''.$$

Der Tisch ist um 50^0 gegenüber der Nullstellung zu schwenken. Der Fräser ist zu wählen entsprechend einem Rade mit der Zähnezahl

$$z_{i_1} = \frac{z_1}{\cos^3 B_1} = \frac{24}{0{,}643^3} = 90.$$

Rad 2. $t_{s_2} = \frac{3 \,.\, \pi}{\cos 40^0} = \frac{3 \,.\, \pi}{0{,}766} = 3{,}92 \,.\, \pi$; d. h. $M_{s_2} = 3{,}92$

$$d_2 = M_{s_2} \,.\, z_2 = 3{,}92 \,.\, 30 = 117{,}60 \text{ mm}$$

$$h_2 = \pi \,.\, d_2 \,.\, \operatorname{tg} A_2 = 3{,}14 \,.\, 117{,}60 \,.\, \operatorname{tg} 50^0 = 3{,}14 \,.\, 117{,}60 \,.\, 1{,}192 = 440 \text{ mm} = 17^1/_3{}''$$

$$i_{r_2} = \frac{40 \,.\, {}^1/_4}{17\,{}^1/_3} = \frac{40 \,.\, 3}{4 \,.\, 52} = \frac{30}{52}.$$

Der Tisch ist um 40^0 gegenüber der Nullstellung zu schwenken. Die Zähnezahl für die Wahl des Fräsers ist

$$z_{i_2} = \frac{z_2}{\cos^3 B_2} = \frac{30}{0{,}766^3} = 67.$$

Läßt sich der Aufspanntisch der Maschine nicht um die erforderlichen Winkel aus der Nullstellung schwenken, dann ist das Fräsen der Räder nur mittels einer Hilfsspindel möglich (vgl. S. 23).

3. Das Fräsen von Schneckenrädern. Man hat hier zu unterscheiden zwischen dem Vor- und Nachfräsen der Räder.

Das Vorfräsen (Fig. 19) erfolgt nach dem Teilverfahren mittels eines scheibenförmigen Stirnradfräsers vom gleichen Außendurchmesser wie die zum Schneckenrad gehörige Schnecke. Der Fräser ist genau über Radmitte einzustellen. Der Aufspanntisch der Maschine ist um den Steigungswinkel der Schnecke aus der Nullstellung nach rechts oder links, je nach der Steigungsrichtung des Schneckenrades, zu schwenken. Das Werkstück wird dem Fräser in senkrechter Richtung

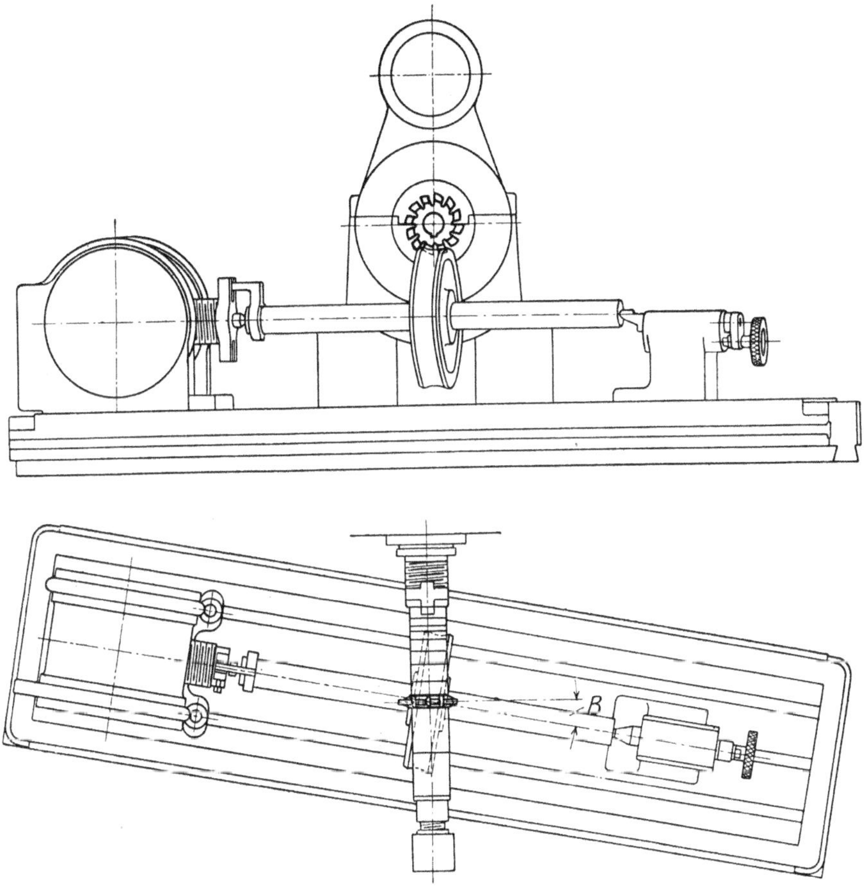

Fig. 19. Vorfräsen von Schneckenrädern.

von unten her durch Hochkurbeln des Winkeltisches zugeführt. Die Zahntiefe wird durch einen Anschlag bestimmt. Nach Fertigstellung einer Zahnlücke wird der Tisch so weit gesenkt, daß die Teilung erfolgen kann, dann wieder bis zum Anschlag hochgekurbelt, die nächste Zahnlücke gefräst usw. Man erhält auf diese Weise schrägstehende Zähne mit kreisbogenförmiger Fußbegrenzung.

Die Berechnung des Steigungswinkels der Schnecke, unter dem der Tisch der Maschine einzustellen ist, erfolgt nach der Formel (vgl. Fig. 13)

$$\operatorname{tg} A = \frac{h}{b} = \frac{h}{\pi \cdot d},$$

wobei d der Teilkreisdurchmesser der Schnecke und h die Steigung derselben (im Teilkreis gemessen) ist. Den zugehörigen Winkel findet man aus den Tabellen auf S. 44ff. Durchmesser und Teilung müssen natürlich in der gleichen Maßeinheit (Millimeter oder Zoll) gemessen sein.

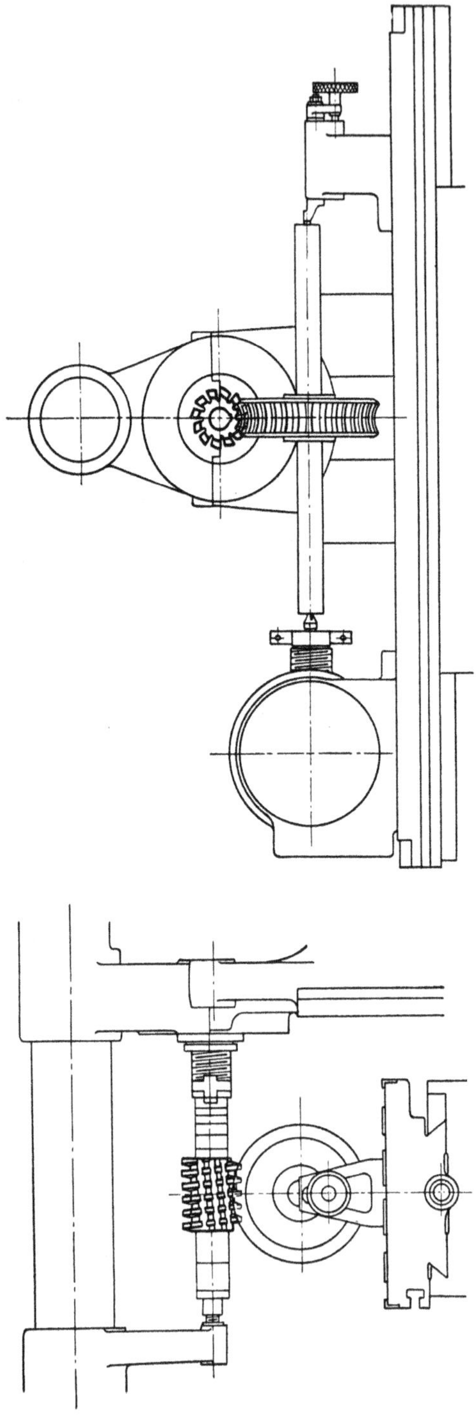

Fig. 20. Nachfräsen von Schneckenrädern.

Ist z. B. d = 178 mm und h = 4″, dann ist (da 1″ = 25,4 mm)

$$\operatorname{tg} A = \frac{4 \cdot 25{,}4}{178 \cdot 3{,}14} = 0{,}182$$

und damit A = $10^0\,20'$.

Entspricht die Steigung des Schneckengewindes einer Modulteilung, d. h. ist die Steigung ein Vielfaches (M) von π, dann ist

$$\operatorname{tg} A = \frac{M \cdot \pi}{d \cdot \pi} = \frac{M}{d}$$

$$= \frac{\text{Modul}}{\text{Teilkreisdurchmesser}}\,.$$

Ist z. B. h = $3 \cdot \pi$ (M = 3) und d = 48 mm, dann ist

$$\operatorname{tg} A = \frac{3}{48} = 0{,}625$$

und somit A = $3^0\,35'$.

Das Nachfräsen (Fig. 20) eines in obiger Weise vorgefrästen Schneckenrades erfolgt mittels eines zylindrischen Schneckenfräsers von gleicher Steigung und gleichem Durchmesser wie die zu dem Schneckenrad gehörige Schnecke, wobei der Aufspanntisch in seine Nullstellung zu bringen und das Schneckenrad zwischen den Spitzen von Teilkopf und Reitstock freilaufend einzuspannen ist, so daß es durch den schneckenförmigen Fräser — genau wie später durch die Schnecke — in Drehung versetzt wird. Der Fräser schneidet nun die nach einer Schraubenlinie gewundenen Zähne aus. Der Winkeltisch der Maschine muß dabei bis zur Erreichung der vollen

Zahntiefe (d. h. des richtigen Achsenabstandes zwischen Schnecke und Schneckenrad) allmählich hochgekurbelt werden.

In dieser Weise nachzufräsende Räder dürfen bei dem vorher beschriebenen Vorfräsen nicht schon auf volle Zahntiefe ausgearbeitet werden.

4. Das Fräsen von Kegelrädern. Zur Erzeugung genauer Zahnformen an Kegelrädern sind Sondermaschinen erforderlich. Die Universal-Fräsmaschine eignet sich nur zum Vorfräsen oder zur Herstellung von Kegelrädern mit nur angenähert richtiger Zahnform. Zu beachten ist hierbei, daß die Zahnform um so ungünstiger wird, je kleiner die Zähnezahl und je breiter der Zahnkranz ist. In der Regel soll deshalb die Zähnezahl nicht weniger als 25 und die Breite des Zahnkranzes nicht mehr als ein Drittel der Kegelseite betragen. Genügt diese nicht und lohnt sich andererseits die Anschaffung einer Sondermaschine nicht, dann ist es ratsam, die Zähne in einer Zahnräderfabrik bearbeiten zu lassen.

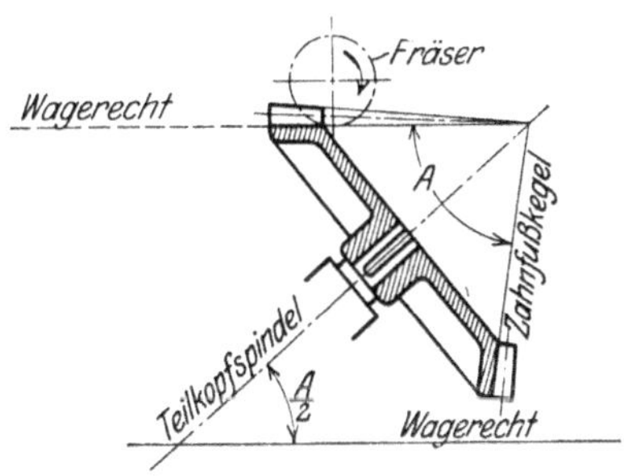

Fig. 21. Einstellung der Teilkopfspindel beim Fräsen von Kegelrädern.

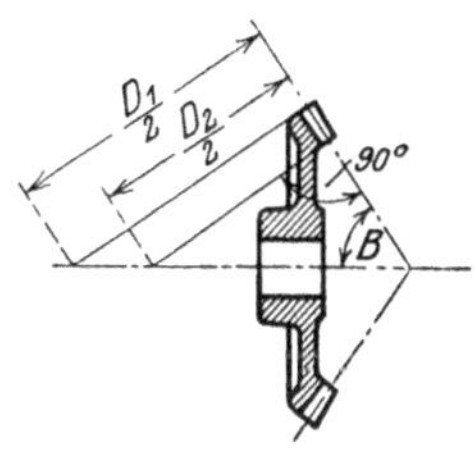

Fig. 22. Ergänzungskegel zur Wahl des Fräsers für Kegelräder.

Das Fräsen der Zähne auf der Universal-Fräsmaschine kann auf nachstehend beschriebene drei Arten vorgenommen werden, wobei die Teilkopfspindel um den halben Winkel des Zahnfußkegels, d. h. so weit aufzurichten ist, daß die Zahnfußlinie des jeweils zu fräsenden Zahnes wagerecht zu liegen kommt (Fig. 21). Um zu vermeiden, daß der Zahnkopf nach der äußeren Stirnfläche des Rades hin bereits durch den ersten, kleineren Fräser zu stark angegriffen wird, wählt man den Neigungswinkel für die Teilkopfspindel unter Umständen zunächst etwas größer und stellt sie erst beim Nachfräsen mit dem größeren Fräserprofil unter dem genauen Winkel ein. Die zu benutzenden Fräser werden nicht unmittelbar nach der Zähnezahl (z) des Kegelrades, sondern nach derjenigen (z_i) zweier gedachter Stirnräder vom Durchmesser D_1 bzw. D_2 ausgewählt (vgl. Fig. 22). Es ist $z_i = \frac{D_1 \cdot \pi}{t_1} = \frac{D_1}{M_1} \left(= \frac{D_2 \pi}{t_2} = \frac{D_2}{M_2}\right)$, wobei t_1 und M_1 Teilung bzw. Modul für das größte, äußere Zahnprofil (t_2 und M_2 entsprechend für das innere) bedeuten. z_i läßt sich auch rechnerisch ermitteln nach der Formel

$$z_i = \frac{z}{\cos B}.$$

1. Verfahren: Die Zahnlücken werden zunächst mit einem Fräser vorgefräst, dessen Profil dem inneren, kleinsten Profil der Zahnlücke entspricht. Darauf werden die einzelnen Zahnlücken an der äußeren Stirnfläche mit einem ihrem Profil entsprechenden Fräser so weit angefräst, daß das volle Profil angeschnitten wird. Der Übergang vom äußeren zum inneren Profil wird dann durch Nacharbeiten mit der Feile hergestellt. Das Verfahren kann auf Genauigkeit und Wirtschaftlichkeit keinen Anspruch machen.

2. Verfahren: Die Zahnlücken werden (wie bei dem 1. Verfahren) mit einem dem inneren, kleinsten Profil entsprechenden Fräser vorgefräst. Zum Nachfräsen wird ein Fräser benutzt, dessen Profil zwar demjenigen der Zahnflanken an der

äußeren Stirnfläche des Rades entspricht, aber nur die Breite der Zahnlücke (im Teilkreis gemessen) an der inneren Stirnfläche des Rades besitzt. Mit diesem Fräser werden zunächst alle rechten und danach alle linken Flanken, oder umgekehrt, der Zähne nachgefräst. Zu diesem Zweck ist der Teilkopf zuerst nach der einen, darauf nach der anderen Seite auf dem Tisch der Maschine — nicht mit diesem zusammen! — gegen die Längsachse desselben um so viel zu drehen, daß die erforderliche Verbreiterung der Zahnlücke von innen nach außen erzielt wird. Bezeichnet s_1 die Breite der Zahnlücke an der äußeren, s_2 diejenige an der inneren Stirnfläche, dann ist die Gesamtbreitenzunahme $s_1 - s_2$ je zur Hälfte auf die beiden eine Zahnlücke begrenzenden Flanken zu verteilen. Ist z. B. die Zahnlücke innen um 3 mm schmaler als außen, so ist der Teilkopf so weit zu verdrehen, daß beim Nachfräsen an der äußeren Stirnfläche von jeder Flanke 1,5 mm, an der inneren dagegen nichts mehr fortgenommen wird. — Der Winkel, um den der Teilkopf zu drehen ist, läßt sich auch berechnen nach der Formel $\operatorname{tg} A = \frac{s_1 - s_2}{2 \,.\, b}$, wobei b die Breite des Zahnkranzes bezeichnet (Fig. 23). Der zugehörige Winkel ist aus den Tabellen zu entnehmen (vgl. S. 44 ff.).

3. Verfahren: Dasselbe unterscheidet sich von dem eben beschriebenen 2. Verfahren nur dadurch, daß zur Verbreiterung der Zahnlücken nicht der ganze Teilkopf, sondern nur die Teilkopfspindel mit Hilfe der Teilscheibe um einen entsprechenden Winkel gedreht wird, und zwar erst nach rechts und nach Fertigstellung aller gleichliegenden Zahnflanken ebensoviel nach links. Dadurch wird der zu fräsende Zahn etwas aus der Mitte gerückt, so daß die gerade zu bearbeitende Flanke nicht mehr parallel zur Tischachse sondern in einem bestimmten Winkel zu ihr steht. Der Fräser muß dabei immer an derjenigen Flanke angreifen, die der senkrechten Mittelebene des Rades zunächst liegt.

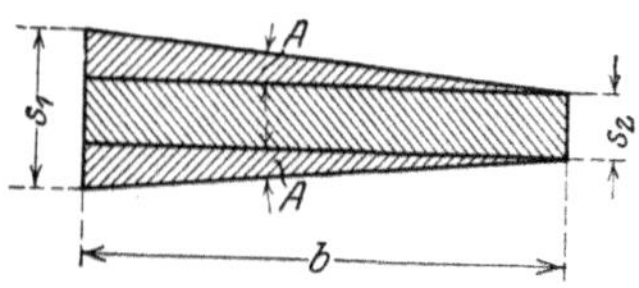

Fig. 23. Fräsen von Kegelrädern in drei Schnitten.

Ist

$x = \frac{s_1 - s_2}{2}$ = die Hälfte des Breitenunterschiedes der Zahnlücke an der äußeren und inneren Stirnfläche in mm,

d_1 = äußerer Teilkreisdurchmesser des Kegelrades in mm,

i = Übersetzungsverhältnis zwischen Teilkurbel und Teilkopfspindel = $^1/_{40}$,

n = erforderliche Umdrehung der Teilkurbel,

dann ist $$n \,.\, i = \frac{x}{d_1 \,.\, \pi} \quad \text{oder} \quad n = \frac{x}{d_1 \,.\, \pi \,.\, i} = \frac{x \,.\, 40}{d_1 \,.\, 3{,}14}.$$

Ist z. B. $d_1 = 150$ mm, $s_1 = 9$ mm, $s_2 = 6$ mm, dann ist $x = 1{,}5$ mm, $n = \frac{1{,}5 \,.\, 40}{150 \,.\, 3{,}14} = \frac{1}{7{,}85}$ rd. $\frac{4}{31}$, d. h. es wäre die Teilkurbel zum Fräsen der linken Flanken um 4 Löcher des Lochkreises 31 nach der einen und nach Zurückdrehen in die Anfangsstellung zum Fräsen der gegenüberliegenden Flanken um 4 Löcher nach der anderen Seite zu drehen.

Bei den beiden letzten Verfahren erhält die Zahnflanke nur an der äußeren Seite des Rades ihre richtige Form, an der inneren Seite zeigt sich die größte Abweichung von derselben. Bei größeren Zahnbreiten ist unter Umständen eine entsprechende Nacharbeit erforderlich.

Zahlentafeln

Tischwinkel beim Fräsen von Schraubennuten

Tischwinkel beim Vorfräsen von Schneckenrädern für Schnecken mit Zoll-Steigung

Tischwinkel beim Vorfräsen von Schneckenrädern für Schnecken mit Millimeter-Steigung

Tischwinkel beim Vorfräsen von Schneckenrädern für Schnecken mit Modulteilung

Trigonometrische Zahlentafel I

„ „ II

In den Tafeln auf S. 34 bis 41 gibt die Zahl hinter dem Punkte die Bruchteile der Grade in Sechsteln (= je 10 Minuten) an. Für eine Steigung von 3″ bei einem Durchmesser von $^1/_4$″ findet man z. B. 14.4, d. h. der Tisch ist um $14^4/_6{}^0 = 14^0 40'$ aus seiner Nullstellung herauszuschwenken.

Tischwinkel beim Fräsen

Steigung (h) der Schraubenlinie in engl. Zoll	Durchmesser (d) des Werkstückes in engl. Zoll									
	1/8	1/4	3/8	1/2	5/8	3/4	7/8	1	1 1/4	1 1/2
1	21.3	38.1	49.4	—	—	—	—	—	—	—
1 1/8	19.3	35	46.3	—	—	—	—	—	—	—
1 1/4	18	33	43.4	—	—	—	—	—	—	—
1 1/2	12.4	25	35.2	43	—	—	—	—	—	—
1 7/8	11.4	22.4	32.2	40	—	—	—	—	—	—
2	10.3	21.3	30	37	—	—	—	—	—	—
2 1/4	10	19.2	27.4	35	41	—	—	—	—	—
2 1/2	9	17.3	25.2	32.2	38.2	43.2	—	—	—	—
2 7/8	8	15.3	22.4	29.2	35	40	44.2	—	—	—
3	7.3	14.4	21.3	27.4	33.2	38.2	42.3	—	—	—
3 1/2	6.3	13	19.2	25	30	35	39	43	—	—
3 3/4	6	11.4	17.3	22.4	27.4	32.2	36.2	40	—	—
4	5.3	11	16.3	21.3	26.3	30.3	34.3	38.2	44.3	—
4 1/2	5	10	14.4	19.2	23.3	27.5	31.3	35	41	—
4 3/4	4.5	9.2	14	18.2	22.3	26.3	30	33.3	39.3	44.4
5	4.3	9	13.3	17.3	21.3	25.2	28.4	32.3	38.2	43.2
6	3.5	7.3	11	14.4	18.2	21.3	24.3	27.4	33.2	37.3
6 1/2	3.3	6.3	10.2	13.3	16.4	19.4	22.4	25.3	30.4	35.3
7	3.2	6.2	9.2	12.2	15.2	18	21	23.3	28.4	33.3
7 1/2	3	6	9	11.4	14.4	17.3	20.2	22.4	27.4	32.2
8	2.5	5.3	8.2	11	13.5	16.3	19	21	26.2	30.3
8 1/2	2.4	5.2	7.4	10.3	13	15.3	18	20.3	25	29.2
9	2.3	5	7.3	10	12.2	14.4	17	19.2	23.3	27.4
10	2.2	4.3	6.4	9	11	13.2	15.2	17.3	21.2	25.2
11	2	4	6	8	10	12	14	15.4	19.3	23
12	1.5	3.5	5.3	7.3	9.2	11	13	14.4	18	21.3
13	1.4	3.2	5	6.5	8.3	10	11.4	13.2	16.3	19.3
14	1.4	3.1	4.5	6.3	8	9.4	11.2	12.4	15.5	18.4
15	1.3	3	4.3	6	7.3	9	10.3	11.4	14.4	17.3
16	1.3	2.5	4.1	5.3	7	8.3	9.4	11	13.4	16.3
18	1.2	2.3	3.5	5	6.2	7.3	8.4	10	12.2	14.4
20	1.1	2.2	3.2	4.3	5.3	6.4	7.4	9	11	13.2
22	1	2	3	4	5	6	7	8	10	12
24	1	1.5	2.5	3.5	4.5	5.3	6.3	7.3	9.2	11.2
25	1	1.5	2.4	3.3	4.3	5.2	6.2	7.2	9	10.4
27	0.5	1.4	2.3	3.2	4.2	5	6	6.4	8.3	10
30	0.5	1.3	2.1	3	3.5	4.3	5.2	6	7.3	9
32	0.4	1.3	2	2.5	3.3	4.2	5	5.3	7	8.3
36	0.4	1.2	2	2.3	3.2	3.4	4.3	5	6.2	7.3
40	0.3	1.1	1.4	2.1	2.5	3.2	4	4.3	5.3	6.4
44	0.3	1	1.3	2	2.3	3	3.3	4	5	6
48	0.3	1	1.3	2	2.2	2.5	3.2	3.4	4.4	5.4
50	0.3	1	1.2	1.5	2.2	2.4	3.1	3.3	4.3	5.3
60	0.3	0.5	1.1	1.3	2	2.2	2.4	3	3.3	4.3
70	0.2	0.4	1	1.2	1.3	2	2.2	2.3	3.2	3.4
80	0.2	0.3	0.5	1.1	1.3	1.4	2	2.2	2.4	3.3
90	0.2	0.3	0.4	1	1.2	1.3	1.4	2	2.3	3
100	0.2	0.3	0.4	1	1.1	1.2	1.3	1.4	2.2	2.4

von Schraubennuten.

Durchmesser (d) des Werkstückes in engl. Zoll									
$1^3/_4$	2	$2^1/_4$	$2^1/_2$	$2^3/_4$	3	$3^1/_4$	$3^1/_2$	$3^3/_4$	4
—	—	—	—	—	—	—	—	—	—
—	—	—	—	—	—	—	—	—	—
—	—	—	—	—	—	—	—	—	—
—	—	—	—	—	—	—	—	—	—
—	—	—	—	—	—	—	—	—	—
—	—	—	—	—	—	—	—	—	—
—	—	—	—	—	—	—	—	—	—
—	—	—	—	—	—	—	—	—	—
—	—	—	—	—	—	—	—	—	—
—	—	—	—	—	—	—	—	—	—
—	—	—	—	—	—	—	—	—	—
—	—	—	—	—	—	—	—	—	—
—	—	—	—	—	—	—	—	—	—
—	—	—	—	—	—	—	—	—	—
—	—	—	—	—	—	—	—	—	—
—	—	—	—	—	—	—	—	—	—
42.3	—	—	—	—	—	—	—	—	—
40	43.3	—	—	—	—	—	—	—	—
37.3	41.2	—	—	—	—	—	—	—	—
36.2	40	43.2	—	—	—	—	—	—	—
34.3	38.2	41.3	—	—	—	—	—	—	—
33.2	37	40	43	—	—	—	—	—	—
31.3	35	38.2	41	43.4	—	—	—	—	—
28.4	32.2	35.2	38.2	40.4	43.2	—	—	—	—
26.2	29:3	32.3	35.2	37.4	40.3	42.3	—	—	—
24.3	27.4	30.3	33.2	35.4	38.2	40.3	42.3	44.3	—
22.3	25.2	28	30.3	33	35.2	37.3	39.3	41.3	43.2
21.3	24.2	27	29.3	32	34.2	36	38	40	42
20.4	22.4	25.2	27.4	30	32.2	34.2	36.2	38.2	40
19	21.3	23.4	26.2	28.2	30.2	32.2	34.3	36.2	38.4
17	19.2	21.3	23.3	25.4	27.4	30	32	33	35
15.2	17.3	19.3	21.3	23.2	25.2	27	28.4	30.3	32.2
14	15.4	17.4	19.3	21.2	23	24.4	26.2	28	29.3
13	14.4	16.3	18.2	19.4	21.3	23	24.4	26.2	27.4
12.3	14	15.4	17.3	19	20.4	22.2	23.4	25.5	26.4
11.4	13.2	14.4	16.3	18	19.3	21	22.3	23.4	25.2
10.3	12	13.3	14.4	16	17.3	18.4	20	21.3	22.4
9.4	11	12.3	13.4	15	16.3	17.4	19	20.2	21.3
8.4	10	11.2	12.3	13.4	14.4	16	17.2	18.2	19.3
7.4	9	10	11	12.2	13.2	14.2	15.3	16.3	17.3
7	8	9	10	11	12	13	14	14.4	15.4
6.3	7.3	8.2	9.2	10	11	12	13	13.4	14.4
6.2	7.2	8	9	9.4	10.4	11.3	12.3	13.2	14
5.2	6	6.4	7.2	7.4	8.2	9	9.4	10.3	11.2
4.3	5	5.4	6.2	7	7.3	8.2	8.4	9.3	10
4	4.3	5	5.3	6.2	6.4	7.2	7.4	8.2	9
3.3	4	4.3	5	5.3	6	6.3	7	7.3	8
3.2	3.3	4	4.3	5	5.3	5.4	6.2	6.4	7.2

Tischwinkel beim Fräsen

Steigung (h) der Schraubenlinie		Durchmesser (d) des Werkstückes in Millimeter									
in Millimeter	angenähert in engl. Zoll	10	15	20	25	30	35	40	45	50	55
50	2	32.3	43.3	—	—	—	—	—	—	—	—
75	3	23	32.3	40.1	—	—	—	—	—	—	—
100	4	18.3	25.2	32.1	38.1	43.2	—	—	—	—	—
125	5	14	21.2	26.3	31.1	37	41.2	45	—	—	—
150	6	11.5	17.3	22.5	27.4	32.1	36.1	40	43.2	45.1	—
175	7	10.2	15.1	19.5	24.2	28.1	32	35.5	39	41	44.4
200	8	9	13.1	17.3	21.2	25.1	28.4	31	35.3	38.1	40.5
225	9	8	11.5	15.4	19.2	22.4	26	29.2	32.1	35	37.2
250	10	7.1	11	14.1	16.5	20.4	23.5	26.3	29.3	32.1	34.4
275	$10\frac{3}{4}$	6.3	9.4	12.5	15.5	18.5	21.5	24.3	27.1	29.4	31.5
300	$11\frac{3}{4}$	6	9	11.5	14.4	17.3	20	22.5	25.1	28.1	30.1
325	$12\frac{3}{4}$	5.4	8.2	11.1	13.4	16.1	18.5	21.4	23.3	25.5	28
350	$13\frac{3}{4}$	5.1	7.4	10.1	12.4	15.1	17.2	19.5	22.2	24.1	26.2
375	$14\frac{3}{4}$	4.5	7.1	9.3	11.2	14.1	16.2	18.3	21.2	22.5	24.4
400	$15\frac{3}{4}$	4.3	6.4	9	11	13.1	15.2	17.2	19.3	21.3	23.2
425	$16\frac{3}{4}$	4.1	6.2	8.3	10.3	12.3	14.1	16.3	18.3	20.2	22.1
450	$17\frac{3}{4}$	4	6	8	10	11.5	13.4	15.4	17.1	19.5	21.2
475	$18\frac{3}{4}$	3.5	5.4	7.3	9.3	11.1	13	14.4	16.3	18.2	20
500	$19\frac{3}{4}$	3.4	5.3	7.1	9	10.4	12.3	14	15.4	17.3	19
525	$20\frac{5}{8}$	3.2	5	6.4	8.3	10.1	11.5	13.2	15	16.4	18.2
550	$21\frac{5}{8}$	3.1	4.5	6.3	8.1	9.4	11.2	12.5	14.2	15.5	17.2
575	$22\frac{5}{8}$	3.1	4.4	6.1	7.4	9.2	10.5	12.2	13.5	15.2	16.4
600	$23\frac{5}{8}$	3	4.3	6	7.3	9	10.2	11.5	13.1	14.4	16
625	$24\frac{5}{8}$	2.5	4.1	5.4	7.1	8.4	10	11.2	12.4	14.1	15.4
650	$25\frac{5}{8}$	2.5	4	5.3	6.5	8.1	9.4	10.4	12.1	13.3	14.5
700	$27\frac{9}{16}$	2.3	3.5	5.1	6.2	7.4	9	10.1	11.2	12.4	14
750	$29\frac{9}{16}$	2.2	3.3	4.5	6	7.1	8.2	9.3	10.4	11.5	13
800	$31\frac{1}{2}$	2.1	3.2	4.2	5.4	6.4	7.5	8.5	10	11.1	12.1
850	$33\frac{1}{2}$	2.1	3.1	4.1	5.2	6.2	7.2	8.3	9.3	10.3	11.1
900	$35\frac{7}{16}$	2	3	4	5	6	7	7.5	9	9.5	10.5
950	$37\frac{7}{16}$	2	2.5	3.5	4.4	5.4	6.2	7.3	8.3	9.3	10.2
1000	$39\frac{3}{8}$	1.5	2.4	3.4	4.3	5.1	6.1	7.1	8	9	9.5
1100	$43\frac{5}{16}$	1.4	2.3	3.2	4.1	4.5	5.5	6.3	7.2	8.1	9
1200	$47\frac{1}{4}$	1.3	2.2	3	3.5	4.3	5.2	6	6.4	7.5	8.1
1300	$51\frac{3}{16}$	1.2	2.1	2.5	3.3	4.1	4.5	5.3	6.1	7.1	7.3
1400	$55\frac{1}{8}$	1.2	2	2.3	3.1	3.5	4.3	5.1	5.4	6.3	7
1500	59	1.1	1.5	2.2	3	3.3	4.1	4.4	5.3	6	6.3
1600	63	1.1	1,4	2.1	2.5	3.1	3.5	4.3	5.1	5.4	6.1
1700	67	1.1	1.3	2	2.4	3	3.4	4.1	4.4	5.2	5.5
1800	$70\frac{3}{4}$	1	1.3	2	2.3	3	3.3	4	4.3	5	5.2
1900	$74\frac{3}{4}$	1	1.2	1.5	2.2	2.5	3.2	3.5	4.1	4.4	5.1
2000	$78\frac{3}{4}$	1	1.2	1.5	2.1	2.4	3.1	3.3	4	4.3	5
2100	$82\frac{3}{4}$	—	1.2	1.5	2.1	2.4	3	3.2	4	4.2	4.5
2200	$86\frac{3}{4}$	—	—	1.4	2	2.4	2.5	3.1	3.4	4	4.3
2300	$90\frac{3}{4}$	—	—	—	2	2.3	2.5	3	3.3	3.5	4.2
2400	$94\frac{3}{4}$	—	—	—	—	2.2	2.4	3	3.2	3.4	4.1
2500	$98\frac{3}{4}$	—	—	—	—	—	2.4	2.5	3.1	3.3	4
3000	118	—	—	—	—	—	—	2.2	2.4	3	3.2

von Schraubennuten.

Durchmesser (d) des Werkstückes in Millimeter											
60	65	70	80	90	100	120	140	160	180	200	240
—	—	—	—	—	—	—	—	—	—	—	—
—	—	—	—	—	—	—	—	—	—	—	—
—	—	—	—	—	—	—	—	—	—	—	—
—	—	—	—	—	—	—	—	—	—	—	—
—	—	—	—	—	—	—	—	—	—	—	—
45.1	—	—	—	—	—	—	—	—	—	—	—
42	—	—	—	—	—	—	—	—	—	—	—
40	—	—	—	—	—	—	—	—	—	—	—
36.5	39.1	41.2	43.1	45	—	—	—	—	—	—	—
34.1	36	38.4	42.3	44	—	—	—	—	—	—	—
32.2	34.1	36.1	40	43.1	45.1	—	—	—	—	—	—
30.1	32.1	34.1	38.2	41	44	—	—	—	—	—	—
28.2	30.1	32	35.5	39.2	41.5	45.1	—	—	—	—	—
27	28.3	30.3	33.5	37	40	44	—	—	—	—	—
24.2	27.1	28.5	32.1	35.1	38.1	42.2	47.4	—	—	—	—
23.5	25.4	27.2	30.3	33.4	36.3	41.3	46	—	—	—	—
22.5	24.2	26	29.1	32.1	34.5	40	44.2	—	—	—	—
21.4	23.2	24.5	27.5	30.4	33.3	38.3	42	46.2	—	—	—
20.3	22.1	23.4	26.4	29.3	32.5	37	41.1	45	—	—	—
19.5	21.1	22.4	25.3	28.2	30.5	35.5	40	43	—	—	—
18.5	20.2	21.5	24.3	27.1	29.4	34.2	38.4	42.3	45.4	—	—
18.1	19.3	20.5	23.3	26.1	28.4	33.2	37.2	41.1	44.3	—	—
17.3	18.2	20	23	25.2	27.4	32.1	36.1	40	43.2	46.2	—
16.5	18	19.3	21.5	24.3	26.4	31	35	38.5	42.1	45	—
16.1	17.2	18.4	21.1	23.3	25.4	30.1	33.4	37.2	41	44	49.2
15	16.1	17.3	19.4	22	24.1	28.2	32.1	35.4	38.5	41.5	47
14.1	15.1	16.2	18.3	20.4	22.4	26.4	30.2	33.5	37	40	45.1
13.2	14.2	15.2	17.2	19.3	21.3	25.2	28.5	32	35.2	38.1	43.3
12.3	13.3	14.3	16.3	18.2	20.1	23.5	27.2	30.3	33.4	36.3	41.3
11.5	12.4	13.4	15.4	17.3	19.1	22.4	26	28.4	32.1	35	40
11.1	12	12.5	14.5	16.3	18.3	21.4	24.4	27.5	30.5	33.3	38.3
10.4	11.3	12.2	14.1	15.5	17.3	20.4	23.4	26.4	29.3	32.1	37
9.5	10.3	11.2	12.5	14.2	15.5	19	21.5	24.4	27.1	29.5	34.2
9	10	10.3	11.5	13.1	14.4	17.3	20.1	22.4	25.1	27.4	32.1
8.2	9	9.4	11	12.2	13.3	16.1	18.3	21.1	23.3	25.5	30.1
7.4	8.3	9	10.1	11.3	12.4	15	17.3	19.4	22	24.5	28
7.1	7.4	8.2	9.3	10.4	11.5	14.1	16.2	18.3	20.4	23.1	26.4
6.4	7.1	7.5	8.5	9.5	11.1	13.2	15.2	17.2	19.3	21.3	25.2
6.3	6.5	7.2	8.3	9.3	10.3	12.3	14.3	16.3	18.2	20.1	23.5
6.1	6.3	7	7.5	8.5	10	11.2	13.3	15.3	17.4	19.3	22.4
5.4	6.1	6.3	7.3	8.3	9.3	11	12.5	14.5	16.5	18.3	21.3
5.2	5.5	6.2	7.1	8	9	10.4	11.5	14.1	15.5	17.3	20.3
5.1	5.4	6	6.5	7.5	8.3	10.2	11.3	13.3	15	16.4	19.2
5	5.2	5.4	6.3	7.2	8	9.5	11.1	12.5	14.2	16	18.5
4.4	5.1	5.3	6.1	7	7.5	9.3	11	12.1	13.5	15.2	18
4.3	5	5.2	6	6.4	7.3	9	10.3	11.5	13.2	14.4	17.3
4.2	4.4	5	5.4	5.5	7	8.3	10	11.3	12.5	14	17
3.3	4	4.1	4.5	5.2	6	7.1	8.3	9.1	11	12	14

Tischwinkel beim Vorfräsen von Schneckenrädern

Teilkreis-durchmesser (d) der Schnecke in mm	Anzahl der Schneckengänge auf 1 engl. Zoll										
	4	$3^1/_2$	3	$2^3/_4$	$2^1/_2$	$2^1/_4$	2	$1^3/_4$	$1^1/_2$	$1^1/_4$	1
25	4.3	5.1	6.1	6.4	7.2	8.1	9.1	10.5	12	14.3	18
30	3.5	4.3	5.1	5.4	6.1	6.5	7.4	9	10	12	15.1
35	3.2	3.5	4.2	4.5	5.2	5.5	6.3	7.4	8.5	10.3	13
40	2.5	3.1	3.5	4.1	4.3	5	5.5	6.5	7.3	9.1	11.3
45	2.4	2.5	3.3	3.5	4.1	4.3	5	6	6.5	8	10
50	2.2	2.4	3.1	3.2	3.4	4.1	4.4	5.3	6.1	7.2	9.1
55	2.1	2.3	2.5	3.1	3.2	3.4	4.1	4.5	5.3	6.4	8.2
60	2	2.1	2.3	2.5	3.1	3.2	3.5	4.3	5	6.1	7.4
65	1.5	2	2.2	2.3	2.5	3.1	3.3	4.1	4.4	5.4	7
70	1.4	2	2.1	2.2	2.4	3	3.2	3.5	4.2	5.2	6.4
75	1.4	1.5	2	2.1	2.3	2.4	3.1	3.3	4	5	6.1
80	1.3	1.4	1.5	2	2.2	2.3	2.5	3.2	3.5	4.4	5.5
85	1.2	1.3	1.5	2	2.2	2.3	2.4	3.1	3.4	4.2	5.2
90	—	1.3	1.4	1.5	2.1	2.2	2.3	3	3.3	4	5.1
95	—	—	1.4	1.5	2	2.1	2.2	2.5	3.2	3.5	4.5
100	—	—	—	1.4	1.5	2	2.1	2.4	3	3.4	4.4
110	—	—	—	—	1.4	1.5	2	2.3	2.5	3.2	4.1
120	—	—	—	—	—	1.4	1.5	2.2	2.4	3.1	3.5
130	—	—	—	—	—	—	1.4	2.1	2.3	2.5	3.3
140	—	—	—	—	—	—	—	1.5	2.2	2.4	3.2
150	—	—	—	—	—	—	—	—	2.1	2.3	3.1
180	—	—	—	—	—	—	—	—	—	2	2.3
200	—	—	—	—	—	—	—	—	—	—	2.2

Tischwinkel beim Vorfräsen von Schneckenrädern

Teilkreis-durchmesser (d) der Schnecke in mm	Steigung (h) des Schneckenganges in Millimeter										
	6	8	10	12	15	18	20	25	30	35	40
25	4.2	5.5	7.1	8.4	10.5	12.5	14.2	17.4	20.5	25	27
30	3.4	4.5	6	7.2	9	10.5	12	14.5	17.4	20.2	22
35	3.1	4.1	5.1	6.1	7.5	9.2	10.2	12.5	15.2	17.4	20
40	2.4	3.4	4.3	5.3	7	8.1	9.1	11.2	13.4	15.3	17.4
45	2.3	3.2	4	4.5	6	7.1	8	10	12	13.5	15.5
50	2.1	3	3.4	4.2	5.3	6.3	7.2	9	10.5	12.4	14.2
55	2	2.4	3.2	4	4.5	6	6.3	8.1	10	11.3	13
60	1.5	2.3	3	3.4	4.2	5.3	6	7.3	9	10.3	12
65	1.4	2.2	2.5	3.2	4.1	5	5.4	7	8.2	9.4	11.1
70	1.3	2.1	2.4	3.1	3.5	4.4	5.1	6.3	7.5	9	10.2
75	1.3	2	2.3	3	3.4	4.2	4.5	6.1	7.1	8.3	9.4
80	1.2	1.5	2.2	2.5	3.3	4	4.3	5.5	6.5	7.5	9
85	1.2	1.4	2.1	2.4	3.2	3.5	4.2	5.3	6.4	7.3	8.3
90	1.2	1.4	2	2.3	3.1	3.4	4	5.1	6.1	7	8
95	1.1	1.3	1.5	2.2	3	3.3	3.5	4.5	5.5	6.5	7.3
100	1.1	1.3	1.5	2.1	2.4	3.2	3.4	4.3	5.2	6.3	7.1
110	—	1.2	1.4	2	2.2	3	3.2	4.1	5	6	6.4
120	—	—	1.3	1.5	1.5	2.4	3	3.5	4.3	5.3	6
130	—	—	—	1.4	1.5	2.3	2.5	3.3	4.1	5	5.4
140	—	—	—	—	1.4	2.2	2.4	3.1	4	4.3	5.1
150	—	—	—	—	—	2.1	2.2	3	3.4	3.3	4.5
180	—	—	—	—	—	—	2.1	2.3	3.1	3.1	4
200	—	—	—	—	—	—	—	2.1	2.4	2.5	3.3

für Schnecken mit Zoll-Steigung.

Steigung (h) des Schneckenganges in engl. Zoll											
$1\frac{1}{4}$	$1\frac{1}{2}$	$1\frac{3}{4}$	2	$2\frac{1}{4}$	$2\frac{1}{2}$	$2\frac{3}{4}$	3	$3\frac{1}{2}$	4	$4\frac{1}{2}$	5
22	25.5	29	33	36.3	—	—	—	—	—	—	—
18.2	22	25.1	28.2	31.1	33.5	—	—	—	—	—	—
16.1	19.1	22	24.4	27.3	30.1	32.3	—	—	—	—	—
14.1	16.5	19.3	22	24.1	26.3	28.3	32.1	—	—	—	—
12.4	15	17.3	19.4	22	24.1	26.3	28.3	32.1	—	—	—
11.3	13.4	15.3	18	20.2	22	23.5	25.5	29	33	—	—
10.3	12.2	14.2	16.2	18.2	20.1	22	23.5	27.1	30.5	33.3	—
9.4	11.3	13.2	15	16.5	18.4	20.2	22	25.2	28.1	31.1	34.1
8.5	10.4	12.1	14	15.4	17.1	19	20.3	23.3	26.2	29.2	31.5
8.2	10.1	11.3	13	14.3	16.1	17.4	19.1	22.1	24.4	27.3	30.1
7.4	9.1	10.3	12.1	14	15.1	16.4	18	20.1	23.2	26.3	28.2
7.1	8.4	10	11.3	12.5	14.1	15.3	16.5	19.3	22	25	26.5
6.5	8.1	9.3	10.3	12	13.3	14.4	16	18.2	20	23.1	25.3
6.2	7.4	9	10.1	11.3	12.4	14	15.1	17.3	19.3	22.1	24.1
6.1	7.2	8.3	9.4	10.5	12.2	13.1	14.2	16.4	19	20.5	23.3
5.5	7	7.5	9.1	10.3	11.3	12.2	13.4	15.3	18	19.5	22
5.2	6.2	7.2	8.2	9.3	10.3	11.3	12.2	14.2	16.4	18.2	20.1
4.5	5.5	6.4	7.3	8.4	9.4	10.3	11.3	13.2	15	16.5	18.5
4.4	5.2	5.5	7	8	8.5	9.4	10.4	12.1	13	15.4	17.2
4.1	5	5.4	6.3	7.2	8.2	9	9.5	11.3	13	14.3	16.1
3.5	4.4	5.3	6.1	7	7.4	8.3	9.1	10.3	12.1	14	15.1
3.1	3.5	4.3	5.1	5.5	6.2	7.1	7.4	9	10.1	11.3	12.4
3	3.3	4	4.3	5.2	5.5	6.2	7	7.5	9.1	10.3	11.3

für Schnecken mit Millimeter-Steigung.

Steigung (h) des Schneckenganges in Millimeter											
45	50	55	60	70	80	90	100	110	120	140	160
29.5	32.3	34.4	37.3	—	—	—	—	—	—	—	—
25.3	28	30.2	32.3	36.3	—	—	—	—	—	—	—
22.2	24.3	26.3	28.4	32.3	36	—	—	—	—	—	—
20	21.5	23.4	25.2	29	32.3	36	—	—	—	—	—
17.4	19.3	21.1	23	26.2	29.2	32.2	35.2	—	—	—	—
16	17.4	19.2	20.5	24	27	29.5	32.3	35	—	—	—
14.2	16	17.2	18.5	22	25	27	30	31.4	34.2	—	—
13.2	14.2	16.2	17.4	20.2	23	25.3	28	30.2	32.3	36.4	—
12.3	13.5	15.1	16.2	19	21.2	23.5	26.1	28.2	30.2	34.3	38.1
11.3	12.5	14.1	15.2	17.4	20	22.2	24.3	26.4	28.4	32.3	36
10.5	12	13	14.2	16.4	18.2	20.5	23	24.4	27	30.5	33.3
10.2	11.2	12.2	13.4	15.3	17.2	20	21.5	23.4	25.5	29.3	32
9.4	10.4	11.4	13	14.4	16.4	18.5	20.4	22.2	24.4	27.4	31
9	10	11	12	14	15.5	17.4	19.3	21.2	23	26.2	29.3
8.4	9.3	10.3	11.3	12.5	14.5	16.5	18.3	20.1	22	24.3	27.5
8.2	9	10	10.5	12	14.2	16	17.4	19.2	20.5	23.4	26.3
7.2	8.3	8.5	9.4	11.3	13.1	14.2	16.1	17.4	18.3	22	24.5
6.5	7.3	8.2	9	10	12	13.3	14.5	16.2	17.4	20.2	23
6.2	7	7.4	8.2	9.5	11.1	12.2	13.5	15.1	16.2	19	21.2
5.5	6.3	7.1	7.5	9	10.2	11.4	12.5	14	15.3	17.4	20
5.3	6	6.3	7.1	8.3	9.4	10.5	11.5	13	14.2	16.4	18.5
4.5	5	5.3	6	7	8	9.1	10	11	12	14	15.5
4	4.3	5	5.3	6.2	7.2	8.1	9	10	10.5	12.4	14.2

Tischwinkel beim Vorfräsen von Schneckenrädern

Teilkreis-durchmesser (d) der Schnecke in Millimeter	Steigung (h) des Schneckenganges in Modul (je 3,14 mm)										
	2	3	4	5	6	7	8	9	10	11	12
25	4.3	6.5	9.1	11.2	13.3	15.4	17.5	19.5	21.5	23.5	25.4
30	3.5	5.4	7.3	9.3	11.2	13.1	14.5	16.4	18.3	20.1	21.5
35	3.2	4.5	6.3	8	9.4	11.2	12.5	14.2	16	17.3	19
40	2.5	4.2	5.4	7.1	8.3	10.1	11.2	12.4	14	15.2	16.4
45	2.3	3.5	5.1	6.2	7.3	8.5	10.1	11.2	12.3	13.4	14.5
50	2.2	3.3	4.3	5.5	6.5	8	9.1	10.1	11.2	12.2	13.3
55	2	3.1	4.1	5.1	6.1	7.1	8.1	9.2	10.2	11.2	12.2
60	1.5	2.5	3.5	4.4	5.4	6.4	7.3	8.3	9.3	10.2	11.2
65	1.5	2.5	3.3	4.2	5.2	6.1	7	7.5	8.5	9.4	10.2
70	1.4	2.2	3.2	4	4.5	5.4	6.3	7.2	8	9	9.5
75	1.3	2.2	3	3.3	4.3	5.2	6.1	6.5	7.4	8.2	9.1
80	1.3	2.1	2.5	3.1	4.1	4.5	5.4	6.2	7.1	7.5	8.3
85	1.2	2	2.4	3	4	4.4	5.2	6	6.4	7.2	8
90	1.2	1.5	2.3	2.5	3.5	4.2	5	5.4	6.2	6.5	7.3
95	1.1	1.5	2.2	2.4	3.4	4.1	4.5	5.3	6.2	6.3	7.1
100	—	1.4	2.2	2.2	3.3	4	4.3	5.1	5.2	6.2	6.5
110	—	1.3	2.1	2.1	3.1	3.4	4.1	4.4	5.1	5.4	6.1
120	—	—	1.4	2.0	2.5	3.2	3.5	4.2	4.5	5.2	5.4
130	—	—	—	1.5	2.4	3.1	3.3	4	4.3	4.5	5.2
140	—	—	—	—	2.3	2.5	3.2	3.4	4.1	4.3	4.5
150	—	—	—	—	2.2	2.4	3	3.3	3.5	4.1	4.3
180	—	—	—	—	1.5	2.1	2.3	2.5	3.1	3.3	3.5
200	—	—	—	—	1.4	2	2.2	2.3	2.5	3.1	3.3

für Schnecken mit Modulteilung.

Steigung (h) des Schneckenganges in Modul (je 3,14 mm)										
13	14	15	16	17	18	19	20	21	22	23
27.3	29.2	31	32.4	34.1	36.1	—	—	—	—	—
23.3	25	26.3	28	29.3	31	32.2	33.4	35	36.1	—
20.2	21.5	23.1	24.3	25.5	26.4	28.3	29.3	31	32.1	33.1
18	19.2	20.3	21.4	23	24.2	25.2	26.3	27.4	28.5	29.4
16	17.2	18.3	19.4	20.4	21.5	23	24	25	26	27
14.3	15.4	16.4	17.5	18.5	19.5	20.5	21.5	22.5	23.5	24.4
13.2	14.2	15.1	15.4	17.1	18	19	20	20.5	21.5	22.4
12.1	13.1	14	14.5	15.5	16.4	17.3	18.3	19.2	20.1	20.5
11.2	12.1	13	13.5	14.4	15.3	16.2	17	17.5	18.5	19.3
10.3	11.2	12	12.5	13.4	14.2	15.1	16	16.4	17.3	18.1
9.5	10.3	11.2	12	12.4	13.3	14.1	15	15.4	16.1	17
9.1	9.5	10.4	11.2	12	12.4	13.2	14	14.4	15.2	16
8.4	9.2	10	10.4	11.2	12	12.4	13.1	13.5	14.3	15.1
8.1	8.5	9.3	10.1	10.4	11.2	12	12.3	13.1	13.5	14.2
7.4	8.2	9	9.3	10.1	10.4	11.2	11.5	12.3	13	13.4
7.2	8	8.3	9.1	9.4	10.1	10.5	11.2	11.5	12.2	13
6.5	7.1	7.4	8.2	8.6	9.2	9.5	10.2	10.5	11.2	11.5
6.1	6.4	7.1	7.3	8	8.3	9	9.3	10	10.2	10.5
5.4	6.1	6.3	7	7.3	7.5	8.2	8.5	9.4	9.4	10.3
5.2	5.4	6.1	6.4	6.5	7.2	7.4	8	8.3	9	10
5	5.2	5.4	6	6.3	6.5	7.1	7.3	8	8.2	9.2
4.1	4.2	4.5	5.1	5.2	5.4	5.5	6.2	6.5	7	8.4
3.4	4	4.2	4.3	4.5	5.1	5.3	5.4	6	6.2	7.2

Trigonometrische

Grad	Sinus 0′	10′	20′	30′	40′	50′	60′	Grad
0	0,000	0,003	0,006	0,009	0,012	0,015	0,017	89
1	0,017	0,020	0,023	0,026	0,029	0,032	0,035	88
2	0,035	0,038	0,041	0,044	0,047	0,049	0,052	87
3	0,052	0,055	0,058	0,061	0,064	0,067	0,070	86
4	0,070	0,073	0,076	0,078	0,081	0,084	0,087	85
5	0,087	0,090	0,093	0,096	0,099	0,102	0,105	84
6	0,105	0,107	0,110	0,113	0,116	0,119	0,122	83
7	0,122	0,125	0,128	0,131	0,133	0,136	0,139	82
8	0,139	0,142	0,145	0,148	0,151	0,154	0,156	81
9	0,156	0,159	0,162	0,165	0,168	0,171	0,174	80
10	0,174	0,177	0,179	0,182	0,185	0,188	0,191	79
11	0,191	0,194	0,197	0,199	0,202	0,205	0,208	78
12	0,208	0,211	0,214	0,216	0,219	0,222	0,225	77
13	0,225	0,228	0,231	0,233	0,236	0,239	0,242	76
14	0,242	0,245	0,248	0,250	0,253	0,256	0,259	75
15	0,259	0,262	0,264	0,267	0,270	0,273	0,276	74
16	0,276	0,278	0,281	0,284	0,287	0,290	0,292	73
17	0,292	0,295	0,298	0,301	0,303	0,306	0,309	72
18	0,309	0,312	0,315	0,317	0,320	0,323	0,326	71
19	0,326	0,328	0,331	0,334	0,337	0,339	0,342	70
20	0,342	0,345	0,347	0,350	0,353	0,356	0,358	69
21	0,358	0,361	0,364	0,367	0,369	0,372	0,375	68
22	0,375	0,377	0,380	0,383	0,385	0,388	0,391	67
23	0,391	0,393	0,396	0,399	0,401	0,404	0,407	66
24	0,407	0,409	0,412	0,415	0,417	0,420	0,423	65
25	0,423	0,425	0,428	0,431	0,433	0,436	0,438	64
26	0,438	0,441	0,444	0,446	0,449	0,451	0,454	63
27	0,454	0,457	0,459	0,462	0,464	0,467	0,469	62
28	0,469	0,472	0,475	0,477	0,480	0,482	0,485	61
29	0,485	0,487	0,490	0,492	0,495	0,497	0,500	60
30	0,500	0,503	0,505	0,508	0,510	0,513	0,515	59
31	0,515	0,518	0,520	0,522	0,525	0,527	0,530	58
32	0,530	0,532	0,535	0,537	0,540	0,542	0,545	57
33	0,545	0,547	0,550	0,552	0,554	0,557	0,559	56
34	0,559	0,562	0,564	0,566	0,569	0,571	0,574	55
35	0,574	0,576	0,578	0,581	0,583	0,585	0,588	54
36	0,588	0,590	0,592	0,595	0,597	0,599	0,602	53
37	0,602	0,604	0,606	0,609	0,611	0,613	0,616	52
38	0,616	0,618	0,620	0,623	0,625	0,627	0,629	51
39	0,629	0,632	0,634	0,636	0,638	0,641	0,643	50
40	0,643	0,645	0,647	0,649	0,652	0,654	0,656	49
41	0,656	0,658	0,660	0,663	0,665	0,667	0,669	48
42	0,669	0,671	0,673	0,676	0,678	0,680	0,682	47
43	0,682	0,684	0,686	0,688	0,690	0,693	0,695	46
44	0,695	0,697	0,699	0,701	0,703	0,705	0,707	45
Grad	60′	50′	40′	30′ Cosinus	20′	10′	0′	Grad

Zahlentafel I.

Grad	Cosinus							Grad
	0′	10′	20′	30′	40′	50′	60′	
0	1,000	1,000	1,000	1,000	1,000	1,000	1,000	89
1	1,000	1,000	1,000	1,000	1,000	0,999	0,999	88
2	0,999	0,999	0,999	0,999	0,999	0,999	0,999	87
3	0,999	0,998	0,998	0,998	0,998	0,998	0,998	86
4	0,998	0,997	0,997	0,997	0,997	0,996	0,996	85
5	0,996	0,996	0,996	0,995	0,995	0,995	0,995	84
6	0,995	0,994	0,994	0,994	0,993	0,993	0,993	83
7	0,993	0,992	0,992	0,991	0,991	0,991	0,990	82
8	0,990	0,990	0,989	0,989	0,989	0,988	0,988	81
9	0,988	0,987	0,987	0,986	0,986	0,985	0,985	80
10	0,985	0,984	0,984	0,983	0,983	0,982	0,982	79
11	0,982	0,981	0,981	0,980	0,979	0,979	0,978	78
12	0,978	0,978	0,977	0,976	0,976	0,975	0,974	77
13	0,974	0,974	0,973	0,972	0,972	0,971	0,970	76
14	0,970	0,970	0,969	0,968	0,967	0,967	0,966	75
15	0,966	0,965	0,964	0,964	0,963	0,962	0,961	74
16	0,961	0,960	0,960	0,959	0,958	0,957	0,956	73
17	0,956	0,955	0,955	0,954	0,953	0,952	0,951	72
18	0,951	0,950	0,949	0,948	0,947	0,946	0,946	71
19	0,946	0,945	0,944	0,943	0,942	0,941	0,940	70
20	0,940	0,939	0,938	0,937	0,936	0,935	0,934	69
21	0,934	0,933	0,931	0,930	0,929	0,928	0,927	68
22	0,927	0,926	0,925	0,924	0,923	0,922	0,921	67
23	0,921	0,919	0,918	0,917	0,916	0,915	0,914	66
24	0,914	0,912	0,911	0,910	0,909	0,908	0,906	65
25	0,906	0,905	0,904	0,903	0,901	0,900	0,899	64
26	0,899	0,898	0,896	0,895	0,894	0,892	0,891	63
27	0,891	0,890	0,888	0,887	0,886	0,884	0,883	62
28	0,883	0,882	0,880	0,879	0,877	0,876	0,875	61
29	0,875	0,873	0,872	0,870	0,869	0,867	0,866	60
30	0,866	0,865	0,863	0,862	0,860	0,859	0,857	59
31	0,857	0,856	0,854	0,853	0,851	0,850	0,848	58
32	0,848	0,847	0,845	0,843	0,842	0,840	0,839	57
33	0,839	0,837	0,835	0,834	0,832	0,831	0,829	56
34	0,829	0,827	0,826	0,824	0,822	0,821	0,819	55
35	0,819	0,817	0,816	0,814	0,812	0,811	0,809	54
36	0,809	0,807	0,806	0,804	0,802	0,800	0,799	53
37	0,799	0,797	0,795	0,793	0,792	0,790	0,788	52
38	0,788	0,786	0,784	0,783	0,781	0,779	0,777	51
39	0,777	0,775	0,773	0,772	0,770	0,768	0,766	50
40	0,766	0,764	0,762	0,760	0,759	0,757	0,755	49
41	0,755	0,753	0,751	0,749	0,747	0,745	0,743	48
42	0,743	0,741	0,739	0,737	0,735	0,733	0,731	47
43	0,731	0,729	0,727	0,725	0,723	0,721	0,719	46
44	0,719	0,717	0,715	0,713	0,711	0,709	0,707	45
Grad	60′	50′	40′	30′	20′	10′	0′	Grad
	Sinus							

Trigonometrische

Grad	Tangens							Grad
	0′	10′	20′	30′	40′	50′	60′	
0	0,000	0,003	0,006	0,009	0,012	0,015	0,017	89
1	0,017	0,020	0,023	0,026	0,029	0,032	0,035	88
2	0,035	0,038	0,041	0,044	0,047	0,049	0,052	87
3	0,052	0,055	0,058	0,061	0,064	0,067	0,070	86
4	0,070	0,073	0,076	0,079	0,082	0,085	0,087	85
5	0,087	0,090	0,093	0,096	0,099	0,102	0,105	84
6	0,105	0,108	0,111	0,114	0,117	0,120	0,123	83
7	0,123	0,126	0,129	0,132	0,135	0,138	0,141	82
8	0,141	0,144	0,146	0,149	0,152	0,155	0,158	81
9	0,158	0,161	0,164	0,167	0,170	0,173	0,176	80
10	0,176	0,179	0,182	0,185	0,188	0,191	0,194	79
11	0,194	0,197	0,200	0,203	0,206	0,210	0,213	78
12	0,213	0,216	0,219	0,222	0,225	0,228	0,231	77
13	0,231	0,234	0,237	0,240	0,243	0,246	0,249	76
14	0,249	0,252	0,256	0,259	0,262	0,265	0,268	75
15	0,268	0,271	0,274	0,277	0,280	0,284	0,287	74
16	0,287	0,290	0,293	0,296	0,299	0,303	0,306	73
17	0,306	0,309	0,312	0,315	0,318	0,322	0,325	72
18	0,325	0,328	0,331	0,335	0,338	0,341	0,344	71
19	0,344	0,348	0,351	0,354	0,357	0,361	0,364	70
20	0,364	0,367	0,371	0,374	0,377	0,381	0,384	69
21	0,384	0,387	0,391	0,394	0,397	0,401	0,404	68
22	0,404	0,407	0,411	0,414	0,418	0,421	0,424	67
23	0,424	0,428	0,431	0,435	0,438	0,442	0,445	66
24	0,445	0,449	0,452	0,456	0,459	0,463	0,466	65
25	0,466	0,470	0,473	0,477	0,481	0,484	0,488	64
26	0,488	0,491	0,495	0,499	0,502	0,506	0,510	63
27	0,510	0,513	0,517	0,521	0,524	0,528	0,532	62
28	0,532	0,535	0,539	0,543	0,547	0,551	0,554	61
29	0,554	0,558	0,562	0,566	0,570	0,573	0,577	60
30	0,577	0,581	0,585	0,589	0,593	0,597	0,601	59
31	0,601	0,605	0,609	0,613	0,617	0,621	0,625	58
32	0,625	0,629	0,633	0,637	0,641	0,645	0,649	57
33	0,649	0,654	0,658	0,662	0,666	0,670	0,675	56
34	0,675	0,679	0,683	0,687	0,692	0,696	0,700	55
35	0,700	0,705	0,709	0,713	0,718	0,722	0,727	54
36	0,727	0,731	0,735	0,740	0,744	0,749	0,754	53
37	0,754	0,758	0,763	0,767	0,772	0,777	0,781	52
38	0,781	0,786	0,791	0,795	0,800	0,805	0,810	51
39	0,810	0,815	0,819	0,824	0,829	0,834	0,839	50
40	0,839	0,844	0,849	0,854	0,859	0,864	0,869	49
41	0,869	0,874	0,880	0,885	0,890	0,895	0,900	48
42	0,900	0,906	0,911	0,916	0,922	0,927	0,933	47
43	0,933	0,938	0,943	0,949	0,955	0,960	0,966	46
44	0,966	0,971	0,977	0,983	0,988	0,994	1,000	45
Grad	60′	50′	40′	30′	20′	10′	0′	Grad
	Cotangens							

Zahlentafel II.

Grad	Cotangens 0′	10′	20′	30′	40′	50′	60′	Grad
0	∞	343,8	171,9	114,6	85,94	68,75	57,29	89
1	57,29	49,10	42,96	38,19	34,37	31,24	28,64	88
2	28,64	26,43	24,54	22,90	21,47	20,21	19,08	87
3	19,08	18,07	17,17	16,35	15,60	14,92	14,30	86
4	14,30	13,73	13,20	12,71	12,25	11,83	11,43	85
5	11,43	11,06	10,71	10,39	10,08	9,788	9,514	84
6	9,514	9,255	9,010	8,777	8,556	8,345	8,144	83
7	8,144	7,953	7,770	7,596	7,429	7,269	7,115	82
8	7,115	6,968	6,827	6,691	6,561	6,435	6,314	81
9	6,314	6,197	6,084	5,976	5,871	5,769	5,671	80
10	5,671	5,576	5,485	5,396	5,309	5,226	5,145	79
11	5,145	5,066	4,989	4,915	4,843	4,773	4,705	78
12	4,705	4,638	4,574	4,511	4,449	4,390	4,331	77
13	4,331	4,275	4,219	4,165	4,113	4,061	4,011	76
14	4,011	3,962	3,914	3,867	3,821	3,776	3,732	75
15	3,732	3,689	3,647	3,606	3,566	3,526	3,487	74
16	3,487	3,450	3,412	3,376	3,340	3,305	3,271	73
17	3,271	3,237	3,204	3,172	3,140	3,108	3,078	72
18	3,078	3,047	3,018	2,989	2,960	2,932	2,904	71
19	2,904	2,877	2,850	2,824	2,798	2,773	2,747	70
20	2,747	2,723	2,699	2,675	2,651	2,628	2,605	69
21	2,605	2,583	2,560	2,539	2,517	2,496	2,475	68
22	2,475	2,455	2,434	2,414	2,394	2,375	2,356	67
23	2,356	2,337	2,318	2,300	2,282	2,264	2,246	66
24	2,246	2,229	2,211	2,194	2,177	2,161	2,145	65
25	2,145	2,128	2,112	2,097	2,081	2,066	2,050	64
26	2,050	2,035	2,020	2,006	1,991	1,977	1,963	63
27	1,963	1,949	1,935	1,921	1,907	1,894	1,881	62
28	1,881	1,868	1,855	1,842	1,829	1,816	1,804	61
29	1;804	1,792	1,780	1,767	1,756	1,744	1,732	60
30	1,732	1,720	1,709	1,698	1,686	1,675	1,664	59
31	1,664	1,653	1,643	1,632	1,621	1,611	1,600	58
32	1,600	1,590	1,580	1,570	1,560	1,550	1,540	57
33	1,540	1,530	1,520	1,511	1,501	1,492	1,483	56
34	1,483	1,473	1,464	1,455	1,446	1,437	1,428	55
35	1,428	1,419	1,411	1,402	1,393	1,385	1,376	54
36	1,376	1,368	1,360	1,351	1,343	1,335	1,327	53
37	1,327	1,319	1,311	1,303	1,295	1,288	1,280	52
38	1,280	1,272	1,265	1,257	1,250	1,242	1,235	51
39	1,235	1,228	1,220	1,213	1,206	1,199	1,192	50
40	1,192	1,185	1,178	1,171	1,164	1,157	1,150	49
41	1,150	1,144	1,137	1,130	1,124	1,117	1,111	48
42	1,111	1,104	1,098	1,091	1,085	1,079	1,072	47
43	1,072	1,066	1,060	1,054	1,048	1,042	1,036	46
44	1,036	1,030	1,024	1,018	1,012	1,006	1,000	45
Grad	60′	50′	40′	30′	20′	10′	0′	Grad
	Tangens							

WERKSTATTBÜCHER
FÜR BETRIEBSBEAMTE, VOR- UND FACHARBEITER
HERAUSGEGEBEN VON EUGEN SIMON, BERLIN

GPSR Compliance

The European Union's (EU) General Product Safety Regulation (GPSR) is a set of rules that requires consumer products to be safe and our obligations to ensure this.

If you have any concerns about our products, you can contact us on ProductSafety@springernature.com

In case Publisher is established outside the EU, the EU authorized representative is:

Springer Nature Customer Service Center GmbH
Europaplatz 3
69115 Heidelberg, Germany

Batch number: 10682323

Printed by Printforce, the Netherlands